混凝土工程施工质量
通病及防治

潘少红　著

北　京

冶金工业出版社

2023

内 容 提 要

本书根据国家最新颁布的混凝土工程相关规范及标准要求编写而成，主要内容包括工程项目质量控制基本理论、模板工程、钢筋工程、混凝土工程、预应力混凝土工程、装配式混凝土工程和混凝土工程质量通病典型案例分析等。本书对钢筋混凝土工程各分项工程施工中经常出现的质量通病进行分析，找出原因，提出预防措施和治理方法，并列举了建筑工程和路桥工程施工中的典型案例。

本书可供土建相关专业大中专院校的师生和现场管理、监理及施工技术人员阅读参考。

图书在版编目（CIP）数据

混凝土工程施工质量通病及防治/潘少红著．—北京：冶金工业出版社，2023.5

ISBN 978-7-5024-9534-3

Ⅰ．①混… Ⅱ．①潘… Ⅲ．①混凝土施工—工程质量—质量控制 Ⅳ．①TU755

中国国家版本馆 CIP 数据核字（2023）第 099222 号

混凝土工程施工质量通病及防治

出版发行 冶金工业出版社		**电　话**	（010）64027926
地　　址 北京市东城区嵩祝院北巷 39 号		**邮　编**	100009
网　　址 www.mip1953.com		**电子信箱**	service@ mip1953.com

责任编辑 王悦青　**美术编辑** 吕欣童　**版式设计** 郑小利　孙跃红
责任校对 范天娇　**责任印制** 禹　蕊
北京建宏印刷有限公司印刷
2023 年 5 月第 1 版，2023 年 5 月第 1 次印刷
710mm×1000mm 1/16；12.25 印张；238 千字；186 页
定价 72.00 元

投稿电话 （010）64027932 **投稿信箱** tougao@cnmip.com.cn
营销中心电话 （010）64044283
冶金工业出版社天猫旗舰店 yjgycbs.tmall.com
（本书如有印装质量问题，本社营销中心负责退换）

前　言

随着我国经济高速发展，对建筑工程的质量提出了更高的要求。混凝土工程在施工过程中，由于施工不当，会造成很多质量通病，对混凝土工程产生严重的影响，同时给建筑工程造成安全隐患，阻碍我国建筑行业的进一步发展。施工企业必须采取有效的措施对混凝土工程质量通病进行防治和处理，避免因混凝土工程出现质量问题而影响建筑工程结构稳定和安全。因此，分析混凝土工程质量通病及防治技术具有现实意义和实用价值。

本书参考有关工程的施工经验，根据《混凝土结构工程施工质量验收规范》（GB 50204—2015）、《混凝土结构工程施工规范》（GB 50666—2011）、《装配式混凝土建筑工程施工质量验收规程》（T/CCIAT 0008—2019）、《混凝土质量控制标准》（GB 50164—2011）、《通用硅酸盐水泥》（GB 175—2007）、《混凝土外加剂应用技术规范》（GB 50119—2013）、《建设用砂》（GB/T 14684—2022）和其他有关规程，对钢筋混凝土工程各分项工程施工中经常出现的质量通病进行分析，找出原因，提出预防措施和治理方法，并列举了建筑工程和路桥工程施工中的典型案例。本书共分为7章，主要内容包括工程项目质量控制基本理论、模板工程、钢筋工程、混凝土工程、预应力混凝土工程、装配式混凝土工程和混凝土工程质量通病典型案例分析。

本书由云南国土资源职业学院潘少红著，参考了部分学术文献和规程规范，也得到了许多专家和相关单位同行的大力支持，书中案例引用了某住宅工程项目和某高速公路桥梁项目的资料，在此一并表示衷心的感谢。

由于时间仓促以及作者撰写经验、理论水平所限，书中若存在不妥之处，敬请有关专家和广大读者批评指正。

作　者
2023 年 2 月

目　　录

1 工程项目质量控制基本理论

1.1 工程项目质量控制概述

1.1.1 工程项目质量的概念

工程项目质量是国家现行的有关法律、法规、技术标准、设计文件及工程合同中对工程的安全、适用、经济、美观等特性的综合要求。工程项目一般都是按照合同条件承包建设的，因此，工程项目质量是在合同环境下形成的。合同条件中对工程项目的功能、使用价值及设计和施工质量等的明确规定都是业主的需要，因而都视为质量保证的内容。

从功能和使用价值来看，工程项目质量特性主要表现在以下 6 个方面：

（1）适用性。适用性即功能，是指工程满足使用目的的各种性能，可从内在和外观两个方面来区别。内在质量多表现在：耐酸、耐碱、防火等材料的化学性能，尺寸、规格、保温、隔热、隔声等物理性能，结构的强度、刚度、稳定性等力学性能，满足生活或生产需要的使用功能；外观性能，指建筑物的造型、布置、室内装饰效果、色彩等。

（2）耐久性。耐久性即寿命，是指工程在规定的条件下，满足规定功能要求使用的年限，也就是工程竣工后的合理使用寿命周期。由于结构物本身结构类型不同、施工方法不同、使用性质不同的个性特点，设计使用年限也有所不同，如民用建筑主体结构的耐用年限分为四级，分别为 15~30 年、30~50 年、50~100 年和 100 年以上。

（3）安全性。安全性是指工程建成后在使用过程中保证结构安全、保证人身和环境免受危害的程度，工程产品的结构安全度、抗震、耐火及防火能力，是否达到特定的要求，都是安全性的重要标志。工程交付使用后，必须保证人身财产、工程整体都能免遭工程结构破坏及外来危险的伤害。工程组成部件（如阳台栏杆、楼梯扶手、电气产品漏电保护、电梯及各类设备等）也要保证使用者的安全。

（4）可靠性。可靠性是指工程在规定的时间和条件下完成规定功能的能力。工程不仅要求在交工验收时要达到规定的指标，而且在一定的使用时期内要保持应有的正常功能，如工程的防洪与抗震能力、防水隔热性能、恒温恒湿措施，工业生产用的管道防"跑、冒、滴、漏"等，都属可靠性的质量范畴。

（5）经济性。经济性是指工程从规划、勘察、设计、施工到整个产品使用寿命周期内的成本和消耗的费用，具体表现为设计成本、施工成本、使用成本三者之和，包括从征地、拆迁、勘察、设计、采购（材料、设备）、施工、配套设施等建设全过程的总投资和工程使用阶段的能耗、水耗、维护、保养乃至改建更新的使用维修费用。

（6）环境协调性。环境协调性主要体现在与生产环境相协调、与人居环境相协调、与生态环境相协调及与社会环境相协调等方面，以适应可持续发展的要求。

由于工程项目是根据业主的要求而兴建的，不同的业主有不同的功能要求，所以除上述工程通用的质量特性外，工程项目的功能和使用价值的质量是相对于业主的需要而言的，并无固定和统一的标准。

任何工程项目都由分项工程、分部工程和单位工程组成，而工程项目的建设又是通过一道道工序来完成的。所以，工程项目质量包含了工序质量、分项工程质量、分部工程质量和单位工程质量。显然，工程质量的形成必须经历一个过程，而过程的每一阶段又可看作是过程的子过程，如此形成由工序质量保证分项工程质量，进而保证分部工程质量和单位工程质量。所以，只有抓好每一过程（每一道工序）的质量才能保证工程项目的整体质量。

项目质量不仅包括活动或过程的结果，还包括活动或过程本身，即包括生产产品的全过程。因此，工程项目质量应包括工程项目决策、设计、施工和回访保修质量各阶段的质量及其相应的工作质量。

工程项目质量包含了工作质量。工作质量是指参与工程建设者为了保证工程项目质量所从事工作的水平和完善程度。工作质量包括：社会工作质量，如社会调查、市场预测、保修服务等；生产过程工作质量，如政治工作质量、管理工作质量、技术工作质量等。工程项目质量的好坏是决策、计划、勘察、设计、施工等单位各环节工作质量的综合反映，而不是单纯靠质量检验检查出来的。要保证工程项目质量，要求有关部门和人员精心工作，对决定和影响工程质量的所有因素严加控制，以工作质量来保证和提高工程项目质量。

1.1.2 工程项目质量控制概述

施工阶段是建筑工程项目产品的形成过程，也是形成最终产品质量的重要阶段。所以，施工阶段的质量控制是工程项目质量控制的重点。抓好工程项目的质量控制，要掌握工程项目质量控制的特点；掌握工程项目质量控制的过程和重点；掌握工程项目质量控制的方法和手段；从控制影响工程项目质量的五大因素入手，对施工过程实施全过程、全方位、全面的控制，才能保证工程项目的质量。

由于建筑工程项目施工涉及面广，是一个极其复杂的综合过程，再加上位置固定、生产流动、结构类型不一、质量要求不一、施工方法不一、体型大、整体性强、建设周期长、受自然条件影响大等特点，因此，工程项目的质量比一般工业产品的质量更难以控制，主要表现在以下几个方面。

(1) 影响质量的因素多。设计、材料、机械、地形、地质、水文、气象、施工工艺、操作方法、技术措施、管理制度等因素，均直接影响工程项目的质量。

(2) 容易产生质量变异。工程项目施工不像工业产品生产，有固定的生产和流水线，有规范化的生产工艺和完善的检测技术，有成套的生产设备和稳定的生产环境，有相同系列规格和相同功能的产品；同时，由于影响工程项目质量的偶然性因素和系统性因素都较多，因此，很容易产生质量变异，如材料性能微小的差异、机械设备正常的磨损、操作微小的变化、环境微小的波动等，均会引起偶然性因素引发的质量变异；当使用材料的规格、品种有误，施工方法不妥，操作不按规程，机械故障，仪表失灵，设计计算错误时，都会引起系统性因素的质量变异，造成工程质量事故。因此，在施工中要严防出现系统性因素的质量变异，要把质量变异控制在偶然性因素范围内。

(3) 容易产生第一、第二判断错误。工程项目由于工序交接多，中间产品多，隐蔽工程多，若不及时检查实质，事后再看表面，就容易产生第二判断错误。也就是说，容易将不合格产品认为是合格的产品。反之，若检查不认真，测量仪器不准、读数有误，就会产生第一判断错误，容易将合格产品认为是不合格的产品。这点在进行质量检查验收时，应特别注意。

(4) 质量检查不能解体、拆卸。建筑工程项目产品建成后，不可能像某些工业产品那样，再拆卸或解体检查内在的质量，或重新更换零件。即便发现质量有问题，也不可能像工业产品那样实行"包换"或"退款"。

(5) 质量要受投资、进度的制约。工程项目的质量，受投资、进度的制约较大，如一般情况下，投资大、进度慢，质量就好。反之，质量则差。因此，在项目施工过程中，还必须正确处理质量、投资、进度三者之间的关系，使其达到对立的统一。

为了加强对工程项目的质量控制，明确各施工阶段质量控制的重点，可把工程项目质量控制分为事前质量控制、事中质量控制和事后质量控制3个阶段。

1.1.2.1 事前质量控制

事前质量控制是指在正式施工前进行的质量控制，其控制重点是做好施工准备工作，且施工准备工作要贯穿于施工全过程中。

施工准备的范围包括全场施工准备、单位工程施工准备、分项（部）工程施工准备、项目开工前的施工准备和项目开工后的施工准备。施工准备的内容包括技术准备、物资准备、组织准备和施工现场准备。

1.1.2.2 事中质量控制

事中质量控制是指在施工过程中进行的质量控制。事中质量控制的策略是全面控制施工过程，重点控制工序质量。具体措施如下：工序交接有检查；质量预控有对策，工程项目有方案；技术措施有交底；图纸会审有记录；配制材料有试验；隐蔽工程有验收；计量器具校正有复核；设计变更有手续；钢筋代换有制度；质量处理有复查；成品保护有措施；行使质控有否决（如发现质量异常、隐蔽工程未经验收、质量问题未处理、擅自变更设计图纸、擅自代换或使用不合格材料、无证上岗、未经资质审查的操作人员等，均应对质量予以否决）；质量文件有档案（凡是与质量有关的技术文件，如水准、坐标位置，测量、放线记录，沉降、变形观测记录，图纸会审记录，材料合格证明、试验报告，施工记录，隐蔽工程记录，设计变更记录，调试、试压运行记录，试车运转记录，竣工图等都要编目建档）。

1.1.2.3 事后质量控制

事后质量控制是指完成施工过程形成产品的质量控制，其具体工作内容包括组织联动试车、准备竣工验收资料，组织自检和初步验收、按规定的质量评定标准和方法，对完成的分部分项工程、单位工程进行质量评定、组织竣工验收、质量文件编目建档和办理工程交接手续。

1.2 工程项目质量控制手段

1.2.1 工序质量控制

工程项目的施工过程，是由一系列相互关联、相互制约的工序所构成，工序质量是基础，直接影响建筑工程项目的整体质量。要控制建筑工程项目施工过程中的质量，首先必须控制工序质量。

1.2.2 质量控制点的设置

质量控制点是指为了保证工程项目质量，需要进行控制的重点、关键部位或薄弱环节，以便在一定时期内、一定条件下进行强化管理，使施工质量处于良好的受控状态。质量控制点的设置，要根据工程的重要程度，或某部位质量特性值对整个工程质量的影响程度来确定。因此，在设置质量控制点时，首先要对施工的工程对象进行全面分析、比较，以明确质量控制点；然后进一步分析所设置的质量控制点在施工中可能出现的质量问题或造成重大隐患的原因，针对存在的隐患，相应地提出对策措施予以预防。由此可见，设置质量控制点是对整个工程质量进行预控的有力措施[1]。

质量控制点的涉及面较广，根据工程特点，视其重要性、复杂性、精确性、质量标准要求而定，可能是结构复杂的某一工程项目，也可能是技术要求高、施工难度大的某一结构构件或分部分项工程，还可能是影响质量的某一关键环节中的某一工序或若干工序。总之，操作、材料、机械设备、施工顺序、技术参数、自然条件、工程环境等，均可作为质量控制点来设置，主要视其对质量特征影响的大小及危害程度而定。

1.2.3 检查检测手段

在工程项目质量控制过程中，常用的检查检测手段有以下几方面[1]。

（1）日常性的检查：在现场施工过程中，质量控制人员（专业工长、质检员、技术人员）对操作人员进行操作情况及结果的检查和抽查，及时发现质量问题、质量隐患或事故苗头，以便及时进行控制。

（2）测量和检测：是指利用测量仪器和检测设备对建筑物水平和竖向轴线、标高、几何尺寸、方位进行控制，对建筑结构施工的有关砂浆或混凝土强度进行检测，严格控制工程质量，发现偏差及时纠正。

（3）试验及见证取样：是指各种材料及施工试验应符合相应规范和标准的要求，如原材料的性能、混凝土搅拌的配合比和计量、坍落度的检查、成品强度等物理力学性能及打桩的承载能力等，均需通过试验的手段进行控制。

（4）实行质量否决制度：是指质量检查人员和技术人员对施工中存在的问题，有权以口头方式或书面方式要求施工操作人员停工或者返工，纠正违章行为，以及责令将不合格的产品推倒重做。

（5）按规定的工作程序控制：是指预检、隐检应有专人负责，按规定检查，并做好记录。第一次使用的混凝土配合比要进行开盘鉴定，混凝土浇筑应经申请和批准、完成的分项工程质量要进行实测实量的检验评定等。

（6）对项目的使用安全与使用功能实行竣工抽查检测，对分项工程质量检验评定要严格把关。

1.2.4 成品保护及措施

在施工过程中，有些分项分部工程已经完成，其他工程尚在施工；或者某些部位已经完成，而其他部位正在施工。如果对已完成的成品，不采取妥善的措施加以保护，就会造成损伤，影响质量，这样，不仅会增加修补工作量，浪费工料，拖延工期；更严重的是有的损伤难以恢复到原样，可能成为永久性的缺陷。因此，做好成品保护是一个关系到工程质量、降低工程成本、按期竣工的重要环节。

加强成品保护，首先要教育全体参建人员树立质量观念，对国家、人民负责，自觉爱护公物，尊重他人和自己的劳动成果，施工操作时要珍惜已完成的成品和部分完成的半成品。其次要合理安排施工顺序，采取行之有效的成品保护措施。

1.2.4.1 施工顺序与成品保护

合理地安排施工顺序，按正确的施工流程组织施工，是进行成品保护的有效途径之一。

(1) 遵循"先地下后地上""先深后浅"的施工顺序，就不至于破坏地下管网和道路路面。

(2) 地下管道与基础工程相配合进行施工，可避免基础完工后再打洞挖槽、安装管道，影响质量和进度。

(3) 先做房心回填土，再做基础防潮层，可保护防潮层不至于受填土夯实损伤。

(4) 装饰工程采取自上而下的流水顺序，可以使房屋主体工程完成后有一定的沉降期；先做好的屋面防水层，可防止雨水渗漏。这些都有利于保护装饰工程质量。

(5) 先做地面，后做顶棚、墙面抹灰，可以保护下层顶棚、墙面抹灰不受渗水污染。在已做好的地面上施工，需对地面加以保护。若先做顶棚、墙面抹灰，后做地面时，则要求楼板灌缝密实，以免漏水污染墙面。

(6) 楼梯间和踏步饰面宜在整个饰面工程完成后，再自上而下地进行；门窗扇的安装通常在抹灰后进行；一般先安装门窗框，后安装门窗扇玻璃。这些施工顺序均有利于成品保护。

(7) 当采用单排外脚手架砌墙时，由于砖墙上面有脚手眼，故一般情况下内墙抹灰须待同一层外粉刷完成、脚手架拆除、洞眼填补后才能进行，以免影响内墙抹灰的质量。

(8) 先喷浆而后安装灯具，可避免安装灯具后又修理浆活，从而污染灯具。

(9) 当铺贴连续多跨的卷材防水屋面时，应按先高跨后低跨，先远（离交通进出口）后近、先天窗油漆、玻璃后铺贴卷材屋面的顺序进行。这样可避免在铺好的卷材屋面上行走和堆放材料、工具等物，有利于保护屋面的质量。

只要合理安排施工顺序，便可有效地保护成品的质量，也可有效地防止后道工序损伤或污染前道工序。

1.2.4.2 成品保护的措施

成品保护主要有护、包、盖、封4种措施[1]。

(1) 护。护就是提前保护，以防止成品可能发生的损伤和污染。如为了防止清水墙面污染，在脚手架、安全网横杆、进料口四周以及邻近水刷石墙面上，提前钉上塑料布或丝板，清水墙楼梯踏步采用护棱角铁上下连通固定；门口在推车易碰部位，在小车轴的高度钉上防护条或槽形盖铁；进出口台阶应垫砖或方木，搭脚手板过人；外檐水刷石大角或柱子要立板固定保护；门扇安装好后要加楔固定等。

（2）包。包就是进行包裹，以防止成品被损伤或污染。如大理石或高级水磨石块柱子贴好后，应用立板包裹捆扎；楼梯扶手易污染变色，油漆前应裹纸保护；铝合金门窗应用塑料布包扎；炉片、管道污染后不好清理，应包纸保护；电气开关、插座、灯具等设备也应包裹，防止喷浆时污染等。

（3）盖。盖就是表面覆盖，防止堵塞、损伤。如预制水磨石、大理石楼梯应用木板、加气板等覆盖，以防操作人员踩踏和物体磕碰；水泥地面、现浇或预制水磨石地面，应铺干锯末保护；高级水磨石地面或大理石地面，应用毡布或棉毡覆盖；落水口，排水管安装好后要加覆盖，以防堵塞；散水胶结后，为保水养护并防止磕碰，可盖一层土或沙子；其他需要防晒、防冻、保温养护的项目，也要采取适当的覆盖措施。

（4）封。封就是局部封闭。如预制水磨石楼梯、水泥抹面楼梯施工后，应将楼梯口暂时封闭，待达到上人强度并采取保护措施后再开放；室内塑料墙纸、木地板油漆完成后，均应立即锁门；屋面防水做完后，应封闭上屋面的楼梯门或出入口；室内抹灰或浆活交活后，为调节室内温度、湿度，应有专人开关外窗等。

总之，在工程项目施工中，必须充分重视成品保护工作。道理很简单，即使生产出来的产品是优质品、上等品，若保护不好，遭受损伤或污染，那也会成为次品、废品、不合格品。所以，成品保护，除合理安排施工顺序，采取有效的对策、措施外，还须加强对成品保护工作的检查。

1.3 工程项目质量的影响因素

影响工程项目质量的因素主要有五大方面，即 4M1E：人（Man）、材料（Material）、机械（Machine）、方法（Method）和环境（Environment）因素。对这五大因素进行严加控制，是保证工程项目质量的关键。4M1E 关系如图 1-1 所示。

1.3.1 人的控制

人是指直接参与施工的组织者、指挥者和操作者。人作为控制的对象，是要避免由于人的失误，给工程项目质量带来不良的影响。要充分调动人的积极性，发挥人的主导作用，强调"人的因素第一"。用人的工作质量来保证工序质量，用每个工序质量来保证整个工程项目质量。为此，除了加强思想政治教育、劳动纪律教育、职业道德教育、专业技术培训，建立健全岗位责任制，改善劳动条件，公平合理地激励劳动热情以外，还需要根据工程特点，确保质量，从人的技

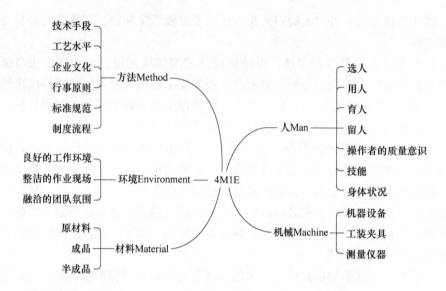

图 1-1 4M1E 关系

术水平、生理缺陷、心理行为、错误行为等方面来控制人的使用。如对技术复杂、难度大、精度高的工序或操作，应由技术熟练、经验丰富的工人来完成，反应迟钝、应变能力差的人，不能操作快速运行、动作复杂的机械设备；对某些要求万无一失的工序和操作，一定要分析人的心理行为，控制人的思想活动，稳定人的情绪；对具有危险源的现场作业，应控制人的错误行为，严禁吸烟、打赌、嬉戏、误判断、误动作等。

此外，应严格禁止无技术资质的人员上岗操作；对不懂装懂、图省事、碰运气、有意违章的行为，必须及时制止。总之，在使用人的问题上，应从政治素质、思想素质、业务素质和身体素质等方面综合考虑、全面控制。

1.3.2　机械设备的管理

建筑企业机械设备管理是对企业的机械设备进行动态管理，即从选购（或自制机械）设备开始，包括投入施工、磨损、补偿，直到报废为止的全过程的管理。而现场施工机械设备管理主要是正确选择（或租赁）和使用机械设备，及时搞好施工机械设备的维护和保养。按计划检查和修理，建立现场施工机械设备使用管理制度等。其主要任务是采取技术、经济、组织措施对机械设备合理使用，用养结合，提高施工机械设备的使用效率，尽可能降低工程项目的机械使用成本，提高工程项目的经济效益。

由于工程特点及生产组织形式各不相同，因此，在配备现场施工机械设备时必须根据工程特点，经济合理地为工程配备好机械设备，同时又必须根据各种机械设备的性能和特点，合理地安排施工生产任务，避免"大机小用""精机粗用"，以及超负荷运转的现象。而且还应随工程任务的变化及时调整机械设备，使各种机械设备的性能与生产任务相适应。

现场施工单位在确定施工方案和编制施工组织设计时，应充分考虑现场施工机械设备管理方面的要求，统筹安排施工顺序和平面布置图，为机械施工创造必要的条件，如水、电、动力供应，照明的安装，障碍物的拆除，以及机械设备的运行路线和作业场地等。现场负责人要善于协调施工生产和机械使用管理之间的矛盾，既要支持机械操作人员的正确意见，又要向机械操作人员进行技术交底和提出施工要求。

为了使施工机械设备在最佳状态下运行使用，合理配备足够数量的操作人员并实行机械使用、保养责任制是关键。现场的各种机械设备应定机定组交给一个机组或个人，使之对机械设备的使用和保养负责。操作人员必须经过培训和统一考试，合格并取得操作证后方可独立操作，无证人员登机操作应按严重违章操作处理。坚决杜绝为赶进度而指使无证人员上机操作事件的发生。

建立人员岗位责任制，操作人员在开机前、使用中、停机后，必须按规定的项目要求，对机械设备进行检查和例行保养，做好清洁、润滑、调整、紧固和防腐工作。经常保持机械设备的良好状态提高机械设备的使用效率，取得良好的经济效益。遵守磨合期使用的有关规定，由于新机械设备和经大修理后的机械设备在磨合期间，零件表面尚不够光洁，因而期间的啮合尚未达到良好的配合，所以，机械设备在使用初期一定时间内，对操作有一定特殊规定和要求，即磨合期使用规定。凡是新购、大修及经过翻新的机械设备，正式使用初期，都必须按规定执行磨合。其目的是使机械零件磨合良好，增强零件的耐用性，提高机械的可靠性和经济性。在磨合期内，加强机械设备的检查和保养，应经常注意运转情况、仪表指示，检查各总分齿轴承、齿轮的工作温度和连接部分的松紧，并及时润滑、紧固和调整，发现不正常现象要及时采取措施。

创造适宜的工作场地。水、电、动力供应充足，工作环境应整洁、宽敞、明亮，特别是夜晚施工时，要保证施工现场的照明。配备必要的保护、安全、防潮装置，有些机械设备还必须配备降温、保暖、通风等装置。配备必要的测量、控制和保险用的仪表和仪器等装置。对于冬季施工中使用的机械设备，要及时采取相应的技术措施，保证机械正常运转。如准备好机械设备的预热保温设备；在投入冬季使用前，对机械设备进行一次季节性保养，检查全部技术状态，换用冬季润滑油等。

1.3.3 材料的控制

材料（含构配件）是工程施工的物质条件，没有材料就无法施工。材料的质量是工程质量的基础，材料质量不符合要求，工程质量也就不可能符合标准。所以，加强材料的质量控制，是提高工程质量的重要保证，也是创造正常施工条件的前提。

材料的质量控制，首先应掌握材料质量、价格、供货能力的信息，选择好供货厂家，就可获得质量好、价格低的材料资源，从而确保工程质量，降低工程造价，这是企业获得良好社会效益、经济效益，提高市场竞争能力的重要因素。

材料订货时，要求厂方提供质量保证文件，用以表明提供的货物完全符合质量要求。质量保证文件的内容主要包括：供货总说明；产品合格证及技术说明书；质量检验证明；检测与试验者的资质证明；不合格品或质量问题处理的说明及证明；有关图纸及技术资料等。对于材料、设备、构配件的订货、采购，其质量要满足有关标准和设计的要求，交货期应满足施工及安装进度计划的要求；对于大型或重要设备，以及大宗材料的采购，应当实行招标采购的方式；对某些材料，如瓷砖等装饰材料，订货时最好一次订齐和备足货源，以免由于分批订货而出现颜色差异、质量不一。

合理、科学地组织材料的采购、加工、储备、运输，建立严密的计划、调度体系，加快材料的周转，减少材料的占用量，按质量、所需数量和日期满足建设需要，是提高供应效益、确保正常施工的关键环节。正确按定额计量使用材料，加强运输、仓库、保管工作，加强材料限额管理和发放工作，健全现场材料管理制度，避免材料损失、变质，是确保材料质量、节约材料的重要措施。

对用于工程的主要材料，进场时必须具备正式的出厂合格证和材质化验单。如不具备或对检验证明有怀疑时，应补做检验。工程中的所有构件，必须具有厂家批号和出厂合格证。由于运输、安装等原因出现的构件质量问题，应分析研究，经处理并鉴定合格后方能使用。凡标志不清或认为质量有问题的材料；对质量保证资料有怀疑或与合同规定不符的一般材料；由工程重要程度决定，进行一定比例试验的材料；需要进行追踪检验，以控制和保证其质量的材料等均应进行抽检。对于进口的材料设备和重要工程或关键施工部位所用的材料，则应进行全部检验。

1.3.4　方法的控制

方法的控制是指工程项目为达到合同条件的要求，在项目施工阶段内对所采取的技术方案、工艺流程、组织措施、检测手段、施工组织设计等的控制。

工程项目的施工方案正确与否，是直接影响工程项目的进度控制、质量控制、投资控制三大目标能否顺利实现的关键。往往由于施工方案考虑不周而拖延进度、影响质量、增加投资。为此，在制定和审核施工方案时，必须结合工程实际，从技术、组织、管理、工艺、操作、经济等方面进行全面分析、综合考虑，力求方案技术可行、经济合理、工艺先进、措施得力、操作方便，有利于提高质量、加快进度、降低成本。施工方案的确定一般包括：确定施工流向、确定施工顺序、划分施工段、选择施工方法和施工机械、施工方案的技术经济分析。

确定施工流向是解决工程项目在平面上、空间上的施工顺序，应考虑以下几方面的因素：按生产工艺要求，需要先期投入生产或起主导作用的工程项目先施工；技术复杂、施工进度较慢、工期较长的工段和部位先施工；满足选用的施工方法、施工机械和施工技术的要求；符合工程质量与安全的要求；确定的施工流向不得与材料、构件的运输方向发生冲突。

施工顺序是指在单位工程项目中，各分项分部工程之间进行施工的先后顺序，主要解决各工序在时间上的搭接关系，以充分利用空间、争取时间、缩短工期。单位工程项目施工应遵循先地下、后地上；先土建、后安装；先高空、后地面；先设备安装、后管道电气安装的顺序。

施工段的划分，必须满足施工顺序、施工方法和流水施工条件的要求。施工段划分应使各施工段上的工程量应大致相等，相差幅度不超过15%，以确保施工连续、均衡地进行；划分施工段界限尽可能与工程项目的结构界限（变形缝、单元分界、施工缝位置）相一致，以确保施工质量和不违反操作顺序要求为前提；施工段应有足够的工作面，以利于提高劳动生产率；施工段的数量要满足连续流水施工组织的要求。

施工方法和施工机械的选择是紧密联系的，施工机械的选择是施工方法选择的中心环节，不同的施工方法所用的施工机械不同，在选择施工方法和施工机械时，要充分研究工程项目的特征、各种施工机械的性能、供应的可能性和企业的技术水平、建设工期的要求和经济效益等，应遵循施工方法的技术先进性与经济合理性统一、施工机械的适用性与多用性兼顾、辅助机械与主导机械的生产能力协调一致、机械的种类和型号在一个工程项目上应尽可能少和尽量利用现有机械设备的原则。

在确定施工方法和主导施工机械后，应考虑施工机械的综合使用和工作范围，这样有利于工作内容得到充分利用，并制定保证工程质量与施工安全的技术措施。

进行施工方案的技术经济分析时，应先对工程项目中的任何一个分项分部工程，列出几个可行的施工方案，通过技术经济分析，在其中选出一个工期短、质优、省料、劳动力和机械安排合理、成本低的最优方案。

1.3.5 环境因素的控制

项目施工阶段是工程实体形成的关键阶段，此阶段是施工企业在项目的施工现场将设计图纸建造成实物的阶段，因而施工阶段的环境因素对工程项目质量起着非常重要的影响，在工程项目质量的控制中应重视施工现场环境因素的影响，并加以有效合理地控制。

1.3.5.1 环境因素的分类及对建筑工程质量的影响

环境因素的分类及对建筑工程质量的影响具体如下。

(1) 自然环境。自然环境包括工程地质、水文、气象等，这些因素复杂而又多变，对工程的施工质量有较大影响。例如，工程地质、水位等直接影响建筑物的基础形式，进而影响到基坑施工质量；而气象环境，如高温、大风、严寒、雨天等都会对工程施工质量造成较大的影响。

(2) 经济环境。一方面，工程建设需要各种经济要素的参与，包含资金(资金供给、资金成本)、价格、劳动力(适用性、质量、价格)、劳动生产率、政府的财政与税收政策等，这些经济要素的变化势必对工程建设产生影响，包括对质量的影响；另一方面，经济环境对质量也有影响，如工人的工资和材料价格直接影响到工人的技术水平和材料质量。因此，经济环境也就直接影响到建筑工程的施工质量。

(3) 技术环境。工程技术环境包括的方面很多，人们所有的行动方式和知识的综合都属于技术范围，例如，在工程项目施工过程中，如果坚持采用新技术、新工艺、新材料，并能够进行创新，那么不但能够提高施工质量还能降低工程成本。

(4) 工程管理环境。工程管理环境主要指的是所用的质量管理体系、质量管理制度等。质量管理体系是指确定质量方针、目标和职责，并通过质量体系中的质量策划、质量控制、质量保证和质量改进来使其实现的全部活动；质量管理制度是质量管理的条件之一，包括制度的建立健全、贯彻与执行。

(5) 社会、文化环境。社会环境是指在一定社会中，人们的处世态度、要求、期望、智力与教育程度、信仰与风俗习惯等。工程施工中要了解当地的文化，尊重当地的风俗。

(6) 劳动环境。劳动环境包括劳动组合、劳动工具、施工环境作业面积大小、工程邻边地下管线、建(构)筑物、防护设施、通风照明及通信条件等。劳动环境的好坏直接影响到操作工人正常水平及效率的发挥，从而也会影响到建筑工程的施工质量。

1.3.5.2 控制环境因素的措施

各环境因素对建筑施工质量都有不同程度的影响，因此在建筑工程的施工中，必须采取积极的措施对这些因素进行有效的控制，控制手段与管理方法主要可从以下方面采取措施。

(1) 加强建筑施工管理环境的建设。认真贯彻执行 GB/T 19000 系列标准，建立完善的质量管理体系和质量控制自检体系，落实质量责任制。

（2）环境因素的控制必须与新技术、新材料、新工艺等紧密联系。对市场进行充分调研，了解目前这一领域的新技术、新工艺、新材料，大胆采用那些先进合理的工艺、材料及方案，并能够进行创新，这对于工程质量的提高具有重要的促进作用。

（3）收集有关工程自然环境信息。在整个建筑施工过程中，要不断搜集获取现场的水文、地质、气象等信息资料，对于未来施工期间可能会碰到的恶劣自然环境对施工作业质量的不良影响，事前应做好充分的预防措施。

（4）做好施工现场平面规划与管理，施工作业环境条件是否良好，直接影响到施工能否顺利进行。规范施工现场设备、材料、道路等的布置，实现文明施工；合理划分施工段，保证各工种的工作操作面，以此避免平面和空间上的相互干扰，确保工作效率与施工质量。

（5）协调好各方关系，创造良好的施工外部环境，尊重并支持业主、设计、监理、质监等部门的工程现场代表的工作，不断与他们进行工作上的沟通，保持良好的工作关系，有利于提高施工质量。另外，应重视与周围社会环境的协调，尽可能减轻施工对周围居民的影响，取得他们的理解和支持也是很重要的。

1.4 混凝土工程质量通病

混凝土作为建设工程项目中广泛使用的材料，其施工质量受到严格控制。然而在混凝土工程施工过程中，由于设计考虑不周、施工不当、养护管理不善以及混凝土本身的因素，致使混凝土出现不同程度的病害，从而对混凝土质量产生不同程度的影响，对混凝土工程的耐久性构成威胁。混凝土工程质量产生的病害，必然会影响到工程的质量，因此须谨慎对待，及时采取必要的预防措施[2]。

国家从可持续性发展的角度，要求建筑工程要具有节能、环保、健康、耐久和可再生性，建设方和用户要求整个结构构件的尺寸和外观正常，没有裂缝，强度、安全性和抗震耐久性满足要求，成本属于可以接受的。对于施工方来说，更关注的是整个构件的工作性能、力学性能、抗裂性能和后期外观的缺陷问题。而混凝土供应商，则只看混凝土的工作性能和力学性能。因此各方对混凝土结构质量和问题的看法，既有交叉的地方，每一方的要求又有不同。

1.4.1 混凝土工程质量事故、质量问题与质量通病

工程质量事故是由于建设、勘察、设计、施工或监理单位因违反工程质量有关法律、法规和工程建设标准，让工程产生结构、安全、重要使用功能等方面的质量缺陷，造成了人身伤亡和重大经济事故。可以看出，工程质量事故涉及四个

方面，即参与各方违反法律法规标准、产生质量缺陷、造成人身伤亡和重大经济损失。表 1-1 为国家对工程质量事故等级判定标准[3]。

表 1-1　工程质量事故等级判定标准

工程质量事故等级	判定标准（如下三条为"或"的关系）		
	死亡人数/人	重伤人数/人	经济损失/元
特别重大事故	≥30	≥100	≥1 亿
重大事故	10~30	50~100	5000 万~1 亿
较大事故	3~10	10~50	1000 万~5000 万
一般事故	<3	<10	100 万~1000 万
其他	没有造成人员伤亡，直接经济损失没有达到 100 万元，但是社会影响恶劣的工程质量问题，参照有关规定执行		

国家对质量事故的判定，首先就是人数，一个是死亡人数，一个是重伤人数，最后一个是经济损失，这三条为"或"的关系，达到其中一条即可判定为对应的质量事故。

在施工现场，如何定义质量事故、质量问题、质量通病，要看现场质量缺陷的轻重，酌情判定。不能什么问题都上升到质量事故，到事故的地步是非常严重的。2014 年，住房城乡建设部印发《建筑工程五方责任主体项目负责人质量终身责任追究暂行办法》，指出建筑工程是五方责任制，包括建设单位、勘察单位、设计单位、施工单位和监理单位。

质量通病是质量问题的俗称，它一般是指尺寸偏差、蜂窝、麻面、孔洞、夹渣、裂缝和裂纹等常见质量问题。质量通病都是我们肉眼可见的偏差，或者通过仪器设备可以测量的叫作质量通病。质量通病的说法不能成为各方推脱责任的借口，也不代表质量问题的严重程度，更不能因为有通病就作为判断是否需要处理的依据。

质量问题往往是造成质量事故的根。建设阶段不起眼的质量问题随着时间的推移可能会变成质量事故。在施工过程中，常常出现发现了质量问题，但大家觉得这个问题不严重，就有可能一直往后放、往后拖，它就可能会演变成质量事故。

只有建立有效的质量管理体系，防患于未然，加强过程管控，才能够避免工程质量出现问题。对于常见质量问题，如果在事前提出预防的预案，提前做准备，那么事故发生的概率就小得多。反过来，如果在事前不防范、没有预案，发现问题不及时处理，从通病逐步地堆积，一直变成事故，就没有办法再逆转了，这时不管是哪一方的责任，实质上对工程所有方都产生了这样或那样的不利影响。因此工程质量控制一定要防患于未然。

1.4.2 混凝土工程常见质量通病

根据工程结构类型、构造形式、使用条件、通病发生部位和形式的不同，可将混凝土结构质量通病归类为蜂窝麻面、气孔、孔洞、裂缝、冷缝、露筋、变形等，其中蜂窝麻面、气孔、变形影响结构的外观质量，而空洞、裂缝、冷缝、露筋不但影响混凝土外观质量，而且影响混凝土强度、降低结构性能[1]。

蜂窝是指混凝土构件中，只有石子聚集而无砂浆的局部地方，即粗集料颗粒之间砂浆没有填满而存在空隙；麻面是指混凝土表面不光滑，局部缺浆粗糙，砂粒外露，呈现出许多微小凹坑的现象。

气孔是指在表层混凝土中，由于振捣时间短，混凝土内气体不能充分排出，混凝土拆模后在表面存在一些气泡孔，这些气孔的存在将影响混凝土结构的美观。混凝土表面的气孔主要是模板表面携带的水、气泡引起的，如果模板表面有一定吸附性或透气性（如采用木制模板），气孔可以减少；若采用抗渗透性强的钢模板则气孔一般都是因为振捣不充分所致，但有时即使振捣充分，也还会有气孔，特别是在混凝土的上层表面或模板向内倾斜时，气孔很难避免。另外，所使用的脱模剂和混凝土配合比对产生气孔也有很大的影响，一般情况下，黏性大的混凝土比黏性小的更容易产生气孔。

孔洞的尺寸通常比较大，并且里面没有混凝土，是可以望穿混凝土结构的洞。孔洞产生的主要原因如下：（1）混凝土坍落度过小，混凝土不具备一定的流动性或者集料级配不合理，存在超径集料，浇筑时被稠密的钢筋卡住；（2）熟料长距离运输，或入仓口与仓面高差太大又没有设置缓降措施而造成集料离析；（3）浇筑时漏振，又继续浇筑上层混凝土。

裂缝是混凝土结构最常见的质量通病，裂缝出现的主要原因是混凝土受到的拉应力超过其所能承受的极限。在混凝土施工过程中由于温度和湿度变化、地基不均匀沉降、拆模过早、早期受振动等因素影响都有可能引起裂缝的产生。最常见的裂缝是温度裂缝。在混凝土中水泥水化作用的速度与环境的温度成正比，当温度超过30℃时，水泥的水化作用加剧，混凝土产生的水化热集中，内部温度急剧上升，等到混凝土冷却收缩时，混凝土将产生裂缝。另外，水泥使用过量，水化热过多混凝土也会产生温度裂缝。裂缝的产生影响混凝土强度和外观质量，如不采取有效防范措施，势必影响结构的耐久性。

由于混凝土施工和本身变形、约束等一系列问题，硬化成型的混凝土中存在着众多的微孔气穴和微裂缝，正是这些初始缺陷的存在才使混凝土呈现出一些非均质的特性。微裂缝通常是一种无害裂缝，对混凝土的承重、防渗及其他一些使用功能不产生危害。混凝土工程中裂缝问题是不可避免的，在一定的范围内也是可以接受的，只是要采取有效的措施将其危害程度控制在一定的范围之内。但是，在混凝土受到荷载、温差等作用之后，微裂缝就会不断地扩展和连通，最终形成肉眼可见的宏观缝。贯穿裂缝和深层裂缝会破坏结构的整体性，改变混凝土的受力条件，从而存在使局部甚至整体结构发生破坏的可能，严重影响建筑物的质量和运行安全性。另外裂缝的存在和发展通常会使内部的钢筋等材料产生腐蚀，降低钢筋混凝土材料的承载能力、耐久性及抗渗能力，影响建筑物的外观、使用寿命，严重者将会威胁到人们的生命和财产安全。很多工程事故都是由于裂缝的不稳定发展所致。科学研究和大量的混凝土工程实践证明，在施工中应尽量采取有效措施控制裂缝的产生，使结构尽可能不出现裂缝或尽量减少裂缝的数量和宽度，尤其要尽量避免有害裂缝的出现，从而确保工程质量。

冷缝是指新老混凝土之间的结合缝，未经处理或处理后结合面不良，会造成明显分界，成为混凝土薄弱部位。常见的原因是施工能力差，不能满足作业要求，使混凝土浇筑间隔时间过长。混凝达到初凝条件时不加处理直接浇筑上层混凝土，造成冷缝。从冷缝的定义可以知道，冷缝部位上层混凝土浇筑时先期浇筑的混凝土尚未终凝，在上层混凝土浇筑振捣过程中可能因先期浇筑混凝土的固结力小于振捣影响力，破坏了已初凝的混凝土内部的凝结和钢筋与混凝土的黏结，降低了冷缝部位混凝土的强度。先期浇筑的混凝土在振捣过程中会造成粗集料下沉、砂浆上浮，初凝后在冷缝部位形成局部无粗集料的砂浆层，这也可能会降低冷缝局部混凝土强度。冷缝部位先期浇筑的混凝土基面并未处理，会大大降低上、下层混凝土的咬合力，且冷缝处先期浇筑的混凝土基面会有一层泛水灰浆层，如果泛水灰浆层稍厚，上、下层混凝土之间会存在一个明显的滑动层，使上、下层混凝土脱离接触，降低冷缝部位混凝土的抗剪力，在混凝土结构中形成一个明显的抗裂、抗剪、抗渗的薄弱部位。同时因冷缝部位混凝土尚未终凝，更有可能因后期混凝土强度发展过程中的收缩徐变而导致宏观裂缝的出现，这种情况危害尤甚。

露筋是指混凝土中钢筋裸露的现象，通常发生在混凝土结构中产生孔洞时。另外，由于钢筋绑扎或焊接的不牢固或者位置偏移，造成保护层厚度不足，也会使钢筋裸露。当操作人员进行不规范振捣触动钢筋或模板时也可能造成钢筋裸露。

变形一般是由于模板刚度不够，或者是模板支护不良，支撑受力后产生位移，致使混凝土"胀模"，成形后改变尺寸而产生。另一种情况是模板本身形状尺寸不规则。还有一种情况是由于操作人员技术不熟练、模板安装位置不准确而造成结构形状改变。

以上几种混凝土结构中常见的外观质量通病在混凝土施工过程中经常出现。

引起混凝土结构外观质量通病的原因是多方面的，除了设计、施工（包括混凝土混合料配比、操作等）可能产生的通病外，还有使用不当以及养护维修不善等造成的通病。

混凝土结构的通病受外界各种因素的影响，加上长年累月的变化，往往会有扩大的危险。例如，混凝土表层损坏会使保护层减薄或钢筋外露，导致钢筋锈蚀，严重时就会削弱结构的强度和刚度，使结构遭到破坏。有些表层损坏还会向构件内部发展造成混凝土强度降低，危及结构的安全，从而严重影响混凝土质量，缩短混凝土结构的使用寿命，因此必须采取措施减少通病的产生。对于混凝土结构的表层通病可以及时维修，以防表层损坏的进一步扩大，避免发生更严重的破坏。而结构内部通病的危害性会更大，如混凝土强度不足，钢筋配置不符合设计要求，内部产生孔洞等，都会直接危及混凝土结构的安全使用，严重的会造成结构的直接破坏。因此，对于这类通病，必须采取可行的检测手段及时排查并加以修补，消除混凝土工程的安全隐患，只有采取有效防范措施才能保证混凝土结构的长期服役性和耐久性。

引起上述混凝土质量通病的原因是施工过程中由模板、钢筋和混凝土施工各个环节，因此研究混凝土工程质量通病需要分别从模板工程、钢筋工程和混凝土工程全方位、全过程地分析引起质量通病的原因，并尽可能做到事前预防控制，同时也必须找到适合补救的措施和办法。

2 模板工程

2.1 模板工程质量标准

模板工程应编制施工方案。爬升式模板工程、工具式模板工程及高大模板支架工程的施工方案，应按有关规定进行技术论证。模板及支架应根据安装、使用和拆除工况进行设计，并应满足承载力、刚度和整体稳固性要求。模板及支架拆除的顺序及安全措施应符合现行国家标准《混凝土结构工程施工规范》（GB 50666—2011）的规定和施工方案的要求。

模板安装的质量标准及验收方法应符合表 2-1 规定[4-5]。

表 2-1 模板安装的质量标准及验收方法

项目	合格质量标准	检查数量	检验方法
主控项目	模板及支架用材料的技术指标应符合国家现行有关标准的规定。进场时应抽样检验模板和支架材料的外观、规格和尺寸	按国家现行相关标准的规定确定	检查质量证明文件，观察，尺量
	现浇混凝土结构模板及支架的安装质量应符合国家现行有关标准的规定和施工方案的要求	按国家现行相关标准的规定确定	按国家现行相关标准的规定确定
	后浇带处的模板及支架应独立设置	全数检查	观察
	支架竖杆和竖向模板安装在土层上时，应符合下列规定： 1. 土层应坚实、平整，其承载力或密实度应符合施工方案的要求； 2. 应有防水、排水措施，对冻胀性土，应有预防冻融措施； 3. 支架竖杆下应有底座或垫板	全数检查	观察；检查土层密实度检测报告、土层承载力验算或现场检测报告

项目	合格质量标准	检查数量	检验方法
一般项目	模板安装质量应符合下列规定： 1. 模板的接缝应严密； 2. 模板内不应有杂物、积水或冰雪等； 3. 模板与混凝土的接触面应平整、清洁； 4. 用作模板的地坪、胎膜等应平整、清洁，不应有影响构件质量的下沉、裂缝、起砂或起鼓； 5. 对清水混凝土及装饰混凝土构件，应使用能达到设计效果的模板	全数检查	观察
	隔离剂的品种和涂刷方法应符合施工方案的要求。隔离剂不得影响结构性能及装饰施工；不得沾污钢筋、预应力筋、预埋件和混凝土接槎处；不得对环境造成污染	全数检查	检查质量证明文件；观察
	模板的起拱应符合现行国家标准《混凝土结构工程施工规范》（GB 50666—2011）的规定，并应符合设计及施工方案的要求	在同一检验批内，对梁，跨度大于 18m 时应全数检查，跨度不大于 18m 时应抽查构件数量的 10%，且不应少于 3 件；对板，应按有代表性的自然间抽查 10%，且不应少于 3 间；对大空间结构，板可按纵、横轴线划分检查面，抽查 10%，且不应少于 3 面	水准仪或尺量
	现浇混凝土结构多层连续支模应符合施工方案的规定。上下层模板支架的竖杆宜对准。竖杆下垫板的设置应符合施工方案的要求	全数检查	观察

项目	合格质量标准	检查数量	检验方法
一般项目	固定在模板上的预埋件和预留孔洞不得遗漏，且应安装牢固。有抗渗要求的混凝土结构中的预埋件，应按设计及施工方案的要求采取防渗措施。 预埋件和预留孔洞的位置应满足设计和施工方案的要求。当设计无具体要求时，其位置偏差应符合表 2-2 的规定	在同一检验批内，对梁、柱和独立基础，应抽查构件数量的10%，且不应少于 3 件；对墙和板，应按有代表性的自然间抽查10%，且不应少于 3 间；对大空间结构墙可按相邻轴线间高度5m左右划分检查面，板可按纵、横轴线划分检查面，抽查 10%，且均不应少于 3 面	观察，尺量
	现浇结构模板安装的尺寸偏差及检验方法应符合表 2-3 的规定	在同一检验批内，对梁、柱和独立基础，应抽查构件数量的10%，且不应少于 3 件；对墙和板，应按有代表性的自然间抽查10%，且不应少于 3 间；对大空间结构，墙可按相邻轴线间高度5m左右划分检查面，板可按纵、横轴线划分检查面，抽查 10%，且均不应少于 3 面	见表 2-3
	预制构件模板安装的偏差及检验方法应符合表 2-4 的规定	首次使用及大修后的模板应全数检查；使用中的模板应抽查10%，且不应少于 5 件，不足 5 件时应全数检查	见表 2-4

表 2-2 预埋件和预留孔洞的安装允许偏差

项　　目		允许偏差/mm
预埋板中心线位置		3
预埋管、预留孔中心线位置		3
插筋	中心线位置	5
	外露长度	+10, 0
预埋螺栓	中心线位置	2
	外露长度	+10, 0
预留洞	中心线位置	10
	尺寸	+10, 0

注：检查中心线位置时，沿纵、横两个方向量测，并取其中偏差的较大值。

表 2-3　现浇结构模板安装的允许偏差及检验方法

项　目		允许偏差/mm	检验方法
轴线位置		5	尺量
底模上表面标高		±5	水准仪或拉线、尺量
模板内部尺寸	基础	±10	尺量
	柱、墙、梁	±5	尺量
	楼梯相邻踏步高差	±5	尺量
垂直度	柱、墙层高不大于 6m	8	经纬仪或吊线、尺量
	柱、墙层高大于 6m	10	经纬仪或吊线、尺量
相邻两块模板表面高差		2	尺量
表面平整度		5	2m 靠尺和塞尺量测

注：检查轴线位置，当有纵横两个方向时，沿纵、横两个方向量测，并取其中偏差的较大值。

表 2-4　预制构件模板安装的允许偏差及检验方法

项　目		允许偏差/mm	检验方法
长度	梁、板	±4	尺量两侧边，取其中较大值
	薄腹梁、桁架	±8	
	柱	0，-10	
	墙板	0，-5	
宽度	板、墙板	0，-5	尺量两端及中部，取其中较大值
	梁、薄腹梁、桁架	+2，-5	
高（厚）度	板	+2，-3	尺量两端及中部，取其中较大值
	墙板	0，-5	
	梁、薄腹梁、桁架、柱	+2，-5	
侧向弯曲	梁、板、柱	$L/1000$ 且 $\leqslant15$	拉线、尺量最大弯曲处
	墙板、薄腹梁、桁架	$L/1500$ 且 $\leqslant15$	
板的表面平整度		3	2m 靠尺和塞尺量测
相邻两板表面高低差		1	尺量
对角线差	板	7	尺量两对角线
	墙板	5	
翘曲	板、墙板	$L/1500$	水平尺在两端量测
设计起拱	薄腹梁、桁架、梁	±3	拉线、尺量跨中

注：L 为构件长度，单位为 mm。

2.2 模板工程质量通病及防治

2.2.1 模板接缝处漏浆

2.2.1.1 产生原因

由于模板安装不合格造成模板接缝处漏浆，如图 2-1 所示。

图 2-1 模板接缝处漏浆

施工时由于模板材质不符合要求，不规则、制作粗糙；相邻模板不平整、拼接不严；纵横垂直支撑不牢固，承受不住混凝土浇筑时的侧压力，产生外胀、跑模现象；混凝土过稀；振捣棒在局部震动时间过长；或混凝土的坍落度比较大，造成模板接缝处漏浆。

漏浆时，水和水泥会从模板与模板或者模板与地面的缝隙间溢出，导致缝隙处都是大颗粒的砂石，降低构件强度，影响安全。

2.2.1.2 预防措施

模板接缝处漏浆的预防措施如下：

（1）木模板拼缝处应平直刨光、拼板紧密；浇混凝土前要隔夜浇水，使模板润湿膨胀，将拼缝处挤紧。

（2）边柱及外侧模板下口应比内模板低 50mm，以便使其夹紧下段混凝土，从而防止可能出现的漏浆现象。

（3）梁与柱相交，梁模与柱连接处应考虑木模板吸湿后长向膨胀的影响，下料尺寸可稍缩短些，使混凝土浇灌后梁模板顶端外口刚好与柱面贴平，从而避免梁模板嵌入柱、墙混凝土内，但梁模板也不能缩短太多，否则膨胀后未能贴平柱、墙模板，又会发生漏浆现象。

（4）板底模板与梁接合处，也应用方木镶接或用阴角模板；板底模板也就应考虑浇水润湿后膨胀因素，适当缩小模板尺寸，这样既可防止漏浆，又可避免板底模板嵌入墙、梁内，且便于拆模。

2.2.1.3 解决办法

如遇模板接缝处漏浆，需先检查模板加固是否牢固，主要是检查模板的加劲肋之间的间距是否满足混凝土的侧压力要求，应控制模板的缝隙在规范的容许范围内；如果是钢模板，最好把两者之间的海绵条夹住，以确保在混凝土浇筑过程中没有漏浆。柱和墙之间的连接模板与地面接触处应用水泥砂浆封严，特别是使用地泵或汽车泵时，要控制混凝土的浇筑速度。浇筑混凝土时，必须安排技术人员在现场待命，发现问题及时处理[6]。

2.2.2 模板拆除错误施工

2.2.2.1 产生原因

拆除模板时不按照施工规范拆模，为了进度赶工，拆了架子赶快去周转，严重违反拆模程序。这样不仅影响混凝土的外观质量，更为严重的是导致施工安全隐患。

2.2.2.2 预防措施

模板拆除应严格要求现场施工人员按照拆模的规范要求进行施工，防止发生质量安全事故。按照《混凝土结构工程施工质量验收规范》（GB 50204—2015）的要求，模板的拆除应该遵循以下条件和顺序进行。

A 现浇混凝土结构的拆模期限

混凝土结构浇筑后要达到一定强度方可拆模，主要是通过同条件养护的混凝土试块的强度来决定什么时候可以拆模，模板拆卸日期应按结构特点和混凝土所达到的强度来确定。

（1）不承重的侧面模板，应在混凝土强度能保证其表面及棱角不因拆模板而受损坏方可拆除，一般要12h之后。

（2）承重的模板应在混凝土达到表2-5所示强度以后，方能拆除（按设计强度等级的百分率计)[4]。

表2-5 设计强度规定

构件名称	内　　容
板及拱	跨度不大于2m的需达到设计强度的50%；跨度为2~8m的须达到设计强度75%
梁	跨度不大于8m的须达到设计强度的75%
承重结构	跨度大于8m的须达到设计强度的100%
悬臂梁和悬臂板	须达到设计强度的100%

(3) 钢筋混凝土结构如在混凝土未达到上述所规定的强度时进行拆模及承受部分荷载，应经过计算，复核结构在实际荷载作用下的强度。

(4) 已拆除模板及其支架的结构，应在混凝土达到设计强度后，才允许承受全部计算荷载。施工中不得超载使用，严禁堆放过量建筑材料。当承受施工荷载大于计算荷载时，必须经过核算加设临时支撑。

B 模板拆除顺序

拆模的一般程序是：后支的先拆，先支的后拆；先拆除非承重部分，后拆除承重部分，并做到不损伤构件或模板。

(1) 工具式支模的梁、板模板的拆除，应先拆卡具、顺口方木、侧板，再松动木楔，使支柱、桁架等降下，逐段抽出底模板和横挡木，最后取下桁架、支柱。

(2) 框架结构的柱、梁、板的拆除，应先拆柱模板，再松动支撑立杆上的螺纹杆升降器，使支撑梁、板横楞的檩条平稳下降，然后拆除梁侧板、平台板，抽出梁底板，最后取下横楞、梁檩条、支柱连杆和立柱。

(3) 采用定型组合钢模板支设的侧板的拆除，应先卸下对拉螺栓的螺帽及钩头螺栓、钢楞，退出要拆除模板上的 U 形卡，然后由上而下一块块拆卸。

对于采用抽拉式以及降模方法施工的拼装大块板宜整体拆除，拆除时防止损伤模板和混凝土。

(1) 对于拱、薄壳、圆弯屋顶和跨度大于 8m 的梁式结构，应采取适当方法使模板支架均匀放松，避免混凝土与楼板脱开时对结构的任何部分产生有害的应力。

(2) 拆除圆形屋顶、漏斗形筒仓的模板时，应从结构中心处的支架开始，按同心层次的对称形式拆向结构的周边。

(3) 在拆除带有拉杆的拱的模板前，应先将拉杆拉紧。

(4) 在拆模过程中，若发现混凝土有较大的空洞、夹层、裂缝，影响结构或构件安全等质量问题，应暂停拆除，经与有关部门研究处理后方可继续拆除。

(5) 已拆除模板及其支架的结构，应在混凝土强度达到设计强度等级后，才允许承受全部计算荷载。当施工荷载大于结构的设计荷载时，须经过核算，并设临时支撑予以加固。

C 模板拆除要求和注意事项

模板拆除要求和注意事项如下：

(1) 拆除模板应按模板施工方案，按拟定的拆除程序进行，并将拆卸的模板材料等按指定地点堆放整齐。

(2) 拆模的架子应与模板支撑系统分开架设。拆下的横板应上下有人接应，严禁乱掷。组合钢模板拆卸的配件要及时治理、堆放、回收。已活动的连接扣件必须拆卸完毕方可停歇，如中途停止拆卸，必须把活动的配件重新拧紧。

（3）在高空拆模时要留有足够的安全通道，要明确划定安全操作区，施工人员不得站在正拆模的下方。

（4）拆除模板时，不要用力过猛或硬撬，不得直接用铁锤敲力和撬杠撬板块。有钉子的模板要及时拔掉或使钉子尖朝下。拆下的模板，应及时清除板面上黏结的灰浆，对变形和损坏的钢模板及配件应及时修复。

（5）对暂不使用的钢模板，板面应刷防锈油（钢模板脱模剂），背面补涂防锈漆，并应按规格分类堆放，底面应垫高脱离地面，并妥善遮盖。

2.2.3 大模板拼缝不严密

大模板间拼缝不严密、高低不平、偏差较大，如图 2-2 所示。主要原因有：施工过程中为了加快施工进度，忽略了细节部分的质量要求，没有按照施工方案和技术交底进行施工；现场实际操作工人对于施工工艺不熟悉、操作不熟练。

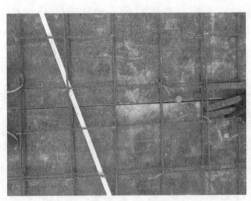

图 2-2 大模板间拼缝不严密

施工时应严格按照施工方案和技术交底进行施工，对于缝隙较大的应采取封堵等措施进行修补[6]。

（1）大模板间拼缝高差过大应采取如下措施：

1）定型加工的大模板，须在制作厂内预拼装，并校正每条拼缝，合格后才出厂。

2）现场加工时，对有条件的，应每次将定型大模板拼装成整体后，检查拼缝质量及校正，再用起吊设备整体吊装就位。对不能整体拼装模板后起吊就位的，也应注意校正其平整度，拼缝间定位拼接螺栓一般间距不大于 30cm，且应固定牢固。

3）对平台夹板模，要求底格栅一定要平整、牢固，且面层夹板在拼缝部位均应用钉子固定在格栅上。

（2）大模板间拼缝不严密应采取如下措施：

1）设计构造措施合理。对定型加工的大钢模板，相互对拼的两块模板做如下处理：一块模板面板边口外凸4mm，另一块模板边口内缩2mm，此措施可使相邻两块大模板拼装时面板先接触紧密，以确保拼缝严密。

2）模板加工精确，钢模边口要顺直、光滑，夹板等木模边口也要平整、顺直，无缺口、扭曲现象。

3）施工拼装要严格控制质量，力求密缝拼装，钢大模间定位螺栓一定要拧紧。

4）要落实拼缝修补措施，即对拼缝处应用腻子或胶带补平，打磨光洁，或拼装前在拼缝内侧面加海绵条。

2.2.4 楼（面）板模板安装不合格

引起楼（面）板模板安装不合格（见图2-3）的常见原因有：标高轴线控制精度较差或未进行复核；模板龙骨用料较小或间距偏大，不能提供足够的强度及刚度；底模未按设计或规范要求起拱，造成挠度过大；板底模板不平，混凝土接触面平整度超过允许偏差；杂物未清除干净等。

图2-3 楼（面）板模板安装不合格

楼面模板安装时架体搭设应符合规范及方案要求；根据模板施工方案排设架体与龙骨；通线调节架体的高度，将大龙骨找平，架设小龙骨；龙骨要有足够的强度和刚度。铺模板时从四周铺起，在中间收口；楼面（板）模板应按照规定起拱；相邻两模板表面高低差控制在2mm以内，模板平整度不得超过3mm。梁、板模板应清扫干净；模板支架及梁加固应全数检查，并符合方案设计要求；按照500mm标高控制点拉对角线检查模板面标高及平整度。

模板安装应按满堂架搭设→架设龙骨→安装楼面板模板→模板验收的工艺流程进行施工。合格的楼（面）板模板安装做法如图2-4所示。

图2-4 楼（面）板模板安装合格做法

2.2.5 剪力墙模板安装不合格

剪力墙模板安装不合格（见图2-5）的常见原因有：标高轴线控制精度较差或未进行复核；剪力墙模板根部和顶部无限位措施或限位不牢；剪力墙根部模板下口未钉压脚板等封口处理，接缝不严漏浆。混凝土浇筑分层过厚，振捣时间过长，模板受侧压力过大，支撑变形；对拉螺杆的蝴蝶卡丝头螺帽未拧紧或受力不均丝杆断裂、螺帽脱落等。

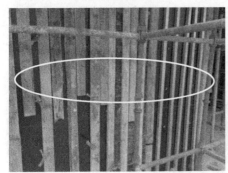

图2-5 剪力墙模板安装不合格

为避免上述不合格现象的发生，安装剪力墙模板时首先剔除墙根混凝土浮浆，直至露出均匀的石子凿毛深度不小于5mm；并清理干净。墙周边放线画出轴线、边线及控制线；轴线部位采用红色边长50mm的"△"标记，边线采用墨线沿设计墙边位置弹注；剪力墙边线向外偏移500mm处用墨线平行于墙边线弹注控制线。定位门窗洞顶或洞底标高，预先留出设计洞口尺寸线，洞周边加强钢筋安装完成后，再安装门窗洞口模板，并与墙体钢筋固定，洞口应按功能要求安装预埋件等。预留洞口模框尺寸必须正确，牢固稳定不变形。关模前应清扫墙内木屑、锯末等垃圾杂物，关模后检查扣件、螺栓是否紧固，模板拼缝及下口是否严密；以防漏浆和错台。根据混凝土侧压力加设双螺帽；根部用木条压脚封堵到位，不得用其他杂物塞填；模板内需加内撑。检查垂直度前首先对其控制线进行复核，再进行垂直度检查。层高不大于 5m 时，垂直度不大于 6mm，层高大于5m 时，垂直度不大于 8mm；剪力墙模板截面尺寸偏差在 +4mm，−5mm 范围内。合格做法如图 2-6 所示。

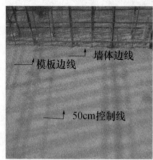

图 2-6　剪力墙模板安装合格做法

2.2.6　梁模板安装不合格

造成梁模板安装不合格（见图 2-7）的主要原因有：梁标高轴线控制精度较差或未进行复核；梁底钢管支撑未按照方案进行搭设或少搭；梁底模未按要求起拱，未根据水平线控制模板标高，未带通线调直；侧模承载能力及刚度不够；残渣未清除干净等。

图 2-7　梁模板安装不合格

避免梁模板安装不合格的重点控制措施如下：梁轴线允许偏差 5mm，截面尺寸线允许偏差+4mm、−5mm；梁下支柱支承在基土面上时，应对基土平整夯实，满足承载力要求，并在立杆底加设厚度不小于 100mm 的通长硬木垫板或混凝土垫板等有效措施，确保混凝土在浇筑过程中不会发生支撑下沉。支架立杆的垂直度偏差不宜大于 5/1000，且不应大于 100mm。立杆底部的水平方向上应按纵下横上的次序设置扫地杆。当梁跨度不小于 4m 时，应按规范要求起拱，起拱高度宜为梁跨度的 1/1000～3/1000。模板支设完成后，应对梁底模板轴线标高进行复核。支模应遵循边模包底模的原则；当梁高超过 650mm 时，侧模板安装先安装一边，等梁钢筋绑扎完毕后再进行另一侧梁模板的安装，梁高超过 750mm 时，梁侧模宜加穿梁螺栓加固。安装完成后必须将残渣清除干净。合格的安装做法如图 2-8 所示。

图 2-8　梁模板安装合格做法

2.2.7　柱模板安装不合格

造成柱模板安装不合格的原因有：标高轴线控制精度较差或未进行复核；模板根部和顶部无限位措施或限位不牢；对拉螺栓、顶撑、木楔使用不当或松动造成轴线偏位，或模板下口无压脚板等封口处理，漏浆；模板平整度偏差过大，残渣未清除干净；施工前未刷脱模剂，或拆模时间过早；混凝土浇筑分层过厚，振捣时间过长，模板受侧压力过大，支撑变形；对拉螺杆的蝴蝶卡丝头螺帽未拧紧或受力不均丝杆断裂、螺帽脱落。柱模板安装不合格如图 2-9 所示。

柱模板安装应按弹边线及控制线→剔除表面浮浆→柱钢筋绑扎→限位钢筋安装→安装模板→安装柱箍加固→模板验收的流程施工。施工时应按图纸要求弹出横竖向轴线、柱子边线及控制线；轴线部位可采用红色边长 50mm 的"△"标记，柱边线采用墨线沿设计柱边位置弹出框线；边框边线向外偏移 500mm 处用墨线平行于柱边线弹柱控制线。然后剔除边线范围内的混凝土浮浆，直至露出均匀的石子；深度不小于 5mm，残渣及时清理干净。并按柱边线设置内截面控制

图 2-9　柱模板安装不合格

筋，每个方向两根（直径同箍筋，于柱模设置上、中、下三道），或者在柱四个角钻孔打入限位筋。柱子截面内部尺寸偏差控制在+4mm、-5mm 以内。采用压脚板或砂浆对柱根部外围封堵。柱箍间距应符合方案设计要求并加固牢靠；单边长度超过 500mm 的柱应考虑设置对拉螺杆加强，模板拼缝严密，高低差控制在2mm 以内；层高不大于 5m 时垂直度偏差控制在 6mm 以内，层高大于 5m 时，垂直度控制在 8mm 以内。合格的做法如图 2-10 所示。

图 2-10　柱模板安装合格做法

2.2.8　楼梯施工缝模板安装不合格

楼梯施工缝模板安装不合格（见图 2-11）是由于楼梯施工缝处垃圾清理不干净和没有设置清扫口造成的。

为保证楼梯施工缝模板安装合格，应首先保证施工缝预留位置正确（楼梯段端部 1/3 跨度范围内），扫口留置于斜板施工缝以上部位。斜板支设时将清扫口模板（宽度 10cm）上移至槽口上方斜板上，用钉子临时固定，混凝土浇筑前，槽口混凝土接茬凿毛处理，并将混凝土渣清理干净；混凝土浇筑时，将钉子拔

图 2-11 楼梯施工缝模板安装不合格

出，清扫口模板恢复原位。施工缝混凝土浇筑座浆处理。楼梯施工缝座浆处理时各栋号长必须做到现场监督，做书面记录。应按照楼梯模板安装→预留 100～250mm 宽滑动模板→清理垃圾→滑动模板就位→固定滑模→浇筑混凝土的施工流程进行施工。合格的做法如图 2-12 所示。

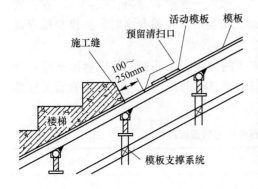

图 2-12 楼梯施工缝模板安装合格做法

3　钢　筋　工　程

3.1　钢筋工程质量标准

钢筋隐蔽工程验收的主要内容包括：纵向受力钢筋的牌号、规格、数量、位置；钢筋的连接方式、接头位置、接头质量、接头面积百分率、搭接长度、锚固方式及锚固长度；箍筋、横向钢筋的牌号、规格、数量、间距、位置，箍筋弯钩的弯折角度及平直段长度；预埋件的规格、数量和位置。

钢筋和成型钢筋的进场检验：当钢筋为获得认证的钢筋、成型钢筋，或同一厂家、同一牌号、同一规格的钢筋，连续三批均一次检验合格，或同一厂家、同一类型、同一钢筋来源的成型钢筋，连续三批均一次检验合格时，其检验批容量可扩大一倍。

钢筋工程材料的质量标准应符合表 3-1 的规定，钢筋加工的质量标准应符合表 3-2 的规定，钢筋连接的质量标准应符合表 3-5 的规定，钢筋安装的质量标准应符合表 3-6 的规定[4]。

表 3-1　钢筋工程材料的质量标准

项目	合格质量标准	检查数量	检验方法
主控项目	钢筋进场时，应按现行国家标准《钢筋混凝土用钢 第 1 部分：热轧光圆钢筋》（GB/T 1499.1—2017）、《钢筋混凝土用钢 第 2 部分：热轧带肋钢筋》（GB/T 1499.2—2017）、《钢筋混凝土用余热处理钢筋》（GB 13014—2013）、《钢筋混凝土用钢 第 3 部分：钢筋焊接网》（GB/T 1499.3—2010）、《冷轧带肋钢筋》（GB/T 13788—2017）及相关标准《高延性冷轧带肋钢筋》（YB/T 4260—2011）、《冷轧扭钢筋》（JG 190—2006）、《冷轧带肋钢筋混凝土结构技术规程》（JGJ 95—2011）、《冷轧扭钢筋混凝土构件技术规格》（JGJ 115—2006）、《冷拔低碳钢丝应用技术规程》（JGJ 19—2010）抽取试件做屈服强度、抗拉强度、伸长率、弯曲性能和质量偏差检验，检验结果应符合相应标准的规定	按进场批次和产品的抽样检验方案确定	检查质量证明文件和抽样检验报告

项目	合格质量标准	检查数量	检验方法
主控项目	成型钢筋进场时,应抽取试件做屈服强度、抗拉强度、伸长率和质量偏差检验,检验结果应符合国家现行相关标准的规定。对由热轧钢筋制成的成型钢筋,当有施工单位或监理单位的代表驻厂监督生产过程,并提供原材钢筋力学性能第三方检验报告时,可仅进行质量偏差检验	同一厂家、同一类型、同一钢筋来源的成型钢筋,不超过 30t 为一批,每批中每种钢筋牌号、规格均应至少抽取 1 个钢筋试件,总数不应少于 3 个	检查质量证明文件和抽样检验报告
	对按一、二、三级抗震等级设计的框架和斜撑构件(含梯段)中的纵向受力普通钢筋应采用 HRB335E、 HRB400E、 HRB500E、 HRBF335E、HRBF400E 或 HRBF500E 钢筋,其强度和最大力下总伸长率的实测值应符合下列规定: 1. 抗拉强度实测值与屈服强度实测值的比值不应小于 1.25; 2. 屈服强度实测值与屈服强度标准值的比值不应大于 1.30; 3. 最大力下总伸长率不应小于 9%	按进场的批次和产品的抽样检验方案确定	检查抽样检验报告
一般项目	钢筋应平直、无损伤,表面不得有裂纹、油污、颗粒状或片状老锈	全数检查	观察
	成型钢筋的外观质量和尺寸偏差应符合国家现行相关标准的规定	同一厂家、同一类型的成型钢筋,不超过 30t 为一批,每批随机抽取 3 个成型钢筋试件	观察,尺量
	钢筋机械连接套筒、钢筋锚固板以及预埋件等的外观质量应符合国家现行相关标准的规定	按国家现行相关标准的规定确定	检查产品质量证明文件;观察,尺量

表 3-2　钢筋加工的质量标准

项目	合格质量标准	检查数量	检验方法
主控项目	钢筋弯折的弯弧内直径应符合下列规定： 　1. 光圆钢筋，不应小于钢筋直径的 2.5 倍； 　2. 335MPa 级、400MPa 级带肋钢筋，不应小于钢筋直径的 4 倍； 　3. 500MPa 级带肋钢筋，当直径在 28mm 以下时不应小于钢筋直径的 6 倍，当直径为 28mm 及以上时不应小于钢筋直径的 7 倍； 　4. 箍筋弯折处尚不应小于纵向受力钢筋的直径	按每工作班同一类型钢筋、同一加工设备抽查不应少于 3 件	尺量
	纵向受力钢筋的弯折后平直段长度应符合设计要求。光圆钢筋末端做 180° 弯钩时，弯钩的平直段长度不应小于钢筋直径的 3 倍	按每工作班同一类型钢筋、同一加工设备抽查不应少于 3 件	尺量
	箍筋、拉筋的末端应按设计要求做弯钩，并应符合下列规定： 　1. 对一般结构构件，箍筋弯钩的弯折角度不应小于 90°，弯折后平直段长度不应小于箍筋直径的 5 倍；对有抗震设防要求或设计有专门要求的结构构件，箍筋弯钩的弯折角度不应小于 135°，弯折后平直段长度不应小于箍筋直径的 10 倍； 　2. 圆形箍筋的搭接长度不应小于其受拉锚固长度，且两末端弯钩的弯折角度不应小于 135°，弯折后平直段长度对一般结构构件不应小于箍筋直径的 5 倍，对有抗震设防要求的结构构件不应小于箍筋直径的 10 倍； 　3. 梁、柱复合箍筋中的单肢箍筋两端弯钩的弯折角度均不应小于 135°，弯折后平直段长度应符合第 1 条中对箍筋的有关规定	按每工作班同一类型钢筋、同一加工设备抽查不应少于 3 件	尺量
	盘卷钢筋调直后应进行力学性能和质量偏差检验，其强度应符合国家现行有关标准的规定，其断后伸长率、质量偏差应符合表 3-3 的规定。力学性能和质量偏差检验应符合下列规定：		

项目	合格质量标准	检查数量	检验方法
主控项目	1. 应对 3 个试件先进行质量偏差检验，再取其中 2 个试件进行力学性能检验； 2. 质量偏差应按下式计算 $$\Delta = \frac{w_\mathrm{d} - w_0}{w_0} \times 100\%$$ 式中　Δ——质量偏差，%； 　　　w_d——3 个调直钢筋试件的实际质量之和，kg； 　　　w_0——钢筋理论质量，kg，取每米理论质量（kg/m）与 3 个调直钢筋试件长度之和（m）的乘积； 3. 检验质量偏差时，试件切口应平滑并与长度方向垂直，长度不应小于 500mm；长度和质量的量测精度分别不应低于 1mm 和 1g，采用无延伸功能的机械设备调直的钢筋，可不进行本条规定的检验	同一加工设备、同一牌号、同一规格的调直钢筋，质量不大于 30t 为一批，每批见证抽取 3 个试件	检查抽样检验报告
一般项目	钢筋加工的形状、尺寸应符合设计要求，其偏差应符合表 3-4 的规定	按每工作班同一类型钢筋、同一加工设备抽查不应少于 3 件	尺量

表 3-3　盘卷钢筋调直后的断后伸长率、质量偏差要求

钢筋牌号	断后伸长率 A/%	质量偏差/%	
		$\phi6 \sim 12\text{mm}$	$\phi14 \sim 16\text{mm}$
HPB300	≥21	≥-10	
HRB335、HRBF335	≥16		
HRB400、HRBF400	≥15		
RRB400	≥13	≥-8	≥-6
HRB500、HRBF500	≥14		

注：断后伸长率 A 的量测标距为 5 倍钢筋直径。

表 3-4 钢筋加工的允许偏差

项 目	允许偏差/mm
受力钢筋沿长度方向的净尺寸	±10
弯起钢筋的弯折位置	±20
箍筋外廓尺寸	±5

表 3-5 钢筋连接的质量标准

项目	合格质量标准	检查数量	检验方法
主控项目	钢筋的连接方式应符合设计要求	全数检查	观察
	钢筋采用机械连接或焊接连接时，钢筋机械连接接头、焊接接头的力学性能、弯曲性能应符合国家现行相关标准的规定，接头试件应从工程实体中截取	按现行行业标准《钢筋机械连接技术规程》（JGJ 107—2016）和《钢筋焊接及验收规程》（JGJ 18—2012）的规定确定	检查质量证明文件和抽样检验报告
	螺纹接头应检验拧紧扭矩值，挤压接头应量测压痕直径，检验结果应符合现行行业标准《钢筋机械连接技术规程》（JGJ 107—2016）的相关规定	按现行行业标准《钢筋机械连接技术规程》（JGJ 107—2016）的规定确定	采用专用扭力扳手或专用量规检查
一般项目	钢筋接头的位置应符合设计和施工方案要求。有抗震设防要求的结构中，梁端、柱端箍筋加密区范围内不应进行钢筋搭接。接头末端至钢筋弯起点的距离不应小于钢筋直径的 10 倍	全数检查	观察，尺量
	钢筋机械连接接头、焊接接头的外观质量应符合现行行业标准《钢筋机械连接技术规程》（JGJ 107—2016）和《钢筋焊接及验收规程》（JGJ 18—2012）的规定	按现行行业标准《钢筋机械连接技术规程》（JGJ 107—2016）和《钢筋焊接及验收规程》（JGJ 18—2012）的规定确定	观察，尺量

项目	合格质量标准	检查数量	检验方法
一般项目	当纵向受力钢筋采用机械连接接头或焊接接头时，同一连接区段内纵向受力钢筋的接头面积百分率应符合设计要求；当设计无具体要求时，应符合下列规定： 1. 受拉接头，不宜大于50%；受压接头，可不受限制； 2. 直接承受动力荷载的结构构件中，不宜采用焊接；当采用机械连接时，不应超过50%	在同一检验批内，对梁、柱和独立基础，应抽查构件数量的10%，且不应少于3件；对墙和板，应按有代表性的自然间抽查10%，且不应少于3间；对大空间结构，墙可按相邻轴线间高度5m左右划分检查面，板可按纵横轴线划分检查面，抽查10%，且均不应少于3面	观察，尺量 注：1. 接头连接区段是指长度为35d且不小于500mm的区段，d为相互连接两根钢筋的直径较小值； 2. 同一连接区段内纵向受力钢筋接头面积百分率为接头中点位于该连接区段内的纵向受力钢筋截面面积与全部纵向受力钢筋截面面积的比值
	当纵向受力钢筋采用绑扎搭接接头时，接头的设置应符合下列规定： 1. 接头的横向净间距不应小于钢筋直径，且不应小于25mm； 2. 同一连接区段内，纵向受拉钢筋的接头面积百分率应符合设计要求；当设计无具体要求时，应符合下列规定： ①梁类、板类及墙类构件，不宜超过25%；基础筏板，不宜超过50%； ②柱类构件，不宜超过50%； ③当工程中确有必要增大接头面积百分率时，对梁类构件，不应大于50%	在同一检验批内，对梁、柱和独立基础，应抽查构件数量的10%，且不应少于3件；对墙和板，应按有代表性的自然间抽查10%，且不应少于3间；对大空间结构，墙可按相邻轴线间高度5m左右划分检查面，板可按纵横轴线划分检查面，抽查10%，且均不应少于3面	观察，尺量 注：1. 接头连接区段是指长度为1.3倍搭接长度的区段。搭接长度取相互连接两根钢筋中较小直径计算； 2. 同一连接区段内纵向受力钢筋接头面积百分率为接头中点位于该连接区段内的纵向受力钢筋截面面积与全部纵向受力钢筋截面面积的比值
	梁、柱类构件的纵向受力钢筋搭接长度范围内箍筋的设置应符合设计要求；当设计无具体要求时，应符合下列规定： 1. 箍筋直径不应小于搭接钢筋较大直径的1/4； 2. 受拉搭接区段的箍筋间距不应大于搭接钢筋较小直径的5倍，且不应大于100mm； 3. 受压搭接区段的箍筋间距不应大于搭接钢筋较小直径的10倍，且不应大于200mm； 4. 当柱中纵向受力钢筋直径大于25mm时，应在搭接接头两个端面外100mm范围内各设置2个箍筋，其间距宜为50mm	在同一检验批内，应抽查构件数量的10%，且不应少于3件	观察，尺量

表 3-6 钢筋安装的质量标准

项目	合格质量标准	检查数量	检验方法
主控项目	钢筋安装时，受力钢筋的牌号、规格和数量必须符合设计要求	全数检查	观察，尺量
	受力钢筋的安装位置、锚固方式应符合设计要求	全数检查	观察，尺量
一般项目	钢筋安装偏差及检验方法应符合表 3-7 的规定，梁板类构件上部受力钢筋保护层厚度的合格点率应达到 90%及以上，且不得有超过表中数值 1.5 倍的尺寸偏差	在同一检验批内，对梁、柱和独立基础，应抽查构件数量的 10%，且不应少于 3 件；对墙和板，应按有代表性的自然间抽查 10%，且不应少于 3 间；对大空间结构，墙可按相邻轴线间高度 5m 左右划分检查面，板可按纵横轴线划分检查面，抽查 10%，且均不应少于 3 面	尺量

表 3-7 钢筋安装允许偏差

项 目		允许偏差/mm	检验方法
绑扎钢筋网	长、宽	±10	尺量
	网眼尺寸	±20	尺量连续三档，取最大偏差值
绑扎钢筋骨架	长	±10	尺量
	宽、高	±5	尺量
纵向受力钢筋	锚固长度	-20	尺量
	间距	±10	尺量两端、中间各一点，取最大偏差值
	排距	±5	
纵向受力钢筋、箍筋的混凝土保护层厚度	基础	±10	尺量
	柱、梁	±5	尺量
	板、墙、壳	±3	尺量
绑扎箍筋、横向钢筋间距		±20	尺量连续三档，取最大偏差值
钢筋弯起点位置		20	尺量，沿纵、横两个方向量测，并取其中偏差较大值
预埋件	中心线位置	5	尺量
	水平高差	+3,0	塞尺量测

3.2 原材料质量通病及防治

3.2.1 钢筋进场验收及存放问题

钢筋进场应按验收规范要求进行验收，施工现场往往不按要求堆放，钢筋堆放未上盖下垫；不同品种规格钢筋混堆，钢筋标志牌不齐全，导致误用于结构上；场地没有硬化，没有排水措施，如图 3-1 所示，导致钢筋锈蚀严重，表面有颗粒状或片状老锈。

图 3-1 钢筋存放不合格

正确的做法是，钢筋堆放场应进行场地硬化、钢筋棚建设，钢筋棚必须封闭，钢筋堆放须上盖下垫，设有顶棚，地坪做硬化处理，周围设置排水沟。不同生产厂家、规格钢筋分仓别堆放并挂设明显标识，避免混用，钢筋进场按批次的级别、品种、直径、外形分垛堆放，悬挂标识牌，注明产地、规格、品种、数量、进场时间、使用部位、检验状态、标识人、试验编号（复试报告单）等，内容填写齐全清晰，如图 3-2 所示。

图 3-2 钢筋存放合格做法

材料员必须对钢筋质量进行过磅验收，钢筋直径采用游标卡尺进行量测。钢筋进场必须进行现场抽样复试，做力学性能及质量偏差检验，同一生产厂家、同一炉（批）号同规格 60t 为一个检验批，不合格材料做退（换）货处理；调直后钢筋应取样送检，检测项目必须包含质量偏差。直径检测需用游标卡尺进行。

3.2.2 钢筋原材料质量缺陷

施工现场中进场钢筋原材（盘条）接头过多、表面起皮，如图 3-3 所示。钢筋原材料质量缺陷的主要原因材料验收把关不严，使不合格品进场，施工现场没有制定完善的材料进场验收制度。

图 3-3　钢筋质量有缺陷

钢筋进场现场检验：混凝土结构工程所用的钢筋都应有出厂质量证明书或试验报告单，每捆（盘）钢筋均应有标牌。钢筋进场时应按批号及直径分批验收，验收的内容包括查对标牌、外观检查，并按有关标准的规定抽取试样做力学性能试验，合格后方可使用[4]。

钢筋表面应保持洁净、无损伤，油渍、漆污和铁锈应在使用前清除干净，带有颗粒状或片状老锈的钢筋不得使用在工程上。

对有明显外观缺陷的钢筋要视不同情况进行技术处理，不得随意使用，锈蚀严重的及机械损伤的应降级使用或另作处置。

发现钢筋出现脆断或冷弯性能不良时，应根据现行国家标准进行化学成分检验或专项检验。化学成分检验不合格的钢筋不得使用在工程上，应会同供货方进行技术处理，决定是否退货或改作其他用途[6]。

3.3 钢筋连接质量通病及防治

3.3.1 钢筋直螺纹连接问题

直螺纹钢筋连接时钢筋端部未切割平齐、套丝机工作不良或操作不当、钢筋丝牙数与连接套筒不匹配、螺纹暴露过多,钢筋丝牙部分未套保护套、安装时未拧紧等都属于钢筋直螺纹连接问题,如图 3-4 所示。

图 3-4 钢筋直螺纹连接问题

钢筋直螺纹连接质量合格的做法:分包方应提供连接套筒的设计和加工、安装技术文件,以及型式检验报告和出厂检验报告,套筒长度应符合产品设计要求。套筒应用专用的螺纹塞规抽检内螺纹尺寸,塞止规旋入长度不得超过 $3P$。施工前应进行设备调试,套丝机内滚丝轮丝牙不得损坏,剥肋刀刀刃必须完好无崩裂,定心钳口的挤压块应伸缩灵活。上述三个部件如有损坏、故障,必须及时更换、维修。钢筋下料应使用专用设备或切割机,切口应与钢筋轴线垂直,端面应平齐。钢筋丝头牙型完整。有效螺纹长度应不小于1/2 连接套筒长度,不得出现负偏差,正偏差不得大于 $2P$。钢筋丝头加工完毕后应使用专用的螺纹环规检验,环止规旋入长度不得超过 $3P$。钢筋丝头加工完毕经检验合格后,立即戴上保护帽或拧上连接套筒。成品应按照规范要求的拧紧力矩连接[7],如图 3-5 所示。

3.3.2 钢筋电弧焊问题

3.3.2.1 出现焊瘤

焊瘤使焊缝的实际尺寸发生偏差,并在接头中形成应力集中区。原因是熔池

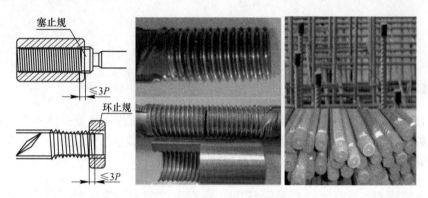

图 3-5　直螺纹连接合格做法

温度过高，凝固较慢，在铁水自重作用下下坠形成焊瘤，或坡口焊、帮条焊或搭接立焊中，如焊接电流过大，焊条角度不对或操作手势不当也易产生焊瘤[8]。

预防措施是在熔池下部出现"小鼓肚"时，可利用焊条左右摆动和挑弧动作加以控制；在搭接或帮条接头立焊时，焊接电流应比平焊适当减少，焊条左右摆动时在中间部位走快些，两边稍慢些；焊接坡口立焊接头加强焊缝时，应选用直径为 3.2mm 的焊条，并应适当减小焊接电流。

3.3.2.2　出现气孔

气孔是指焊接时熔池中的气体来不及逸出而停留在焊缝中所形成的孔眼。根据其分布情况可分为疏散气孔、密集气孔和连续气孔。主要原因是碱性低氢型焊条受潮，药皮变质或剥落、钢芯生锈；酸性焊条烘焙温度过高，使药皮变质失效；钢筋焊接区域内清理工作不彻底；焊接电流过大，焊条发红造成保护失效，使空气侵入[8]。

预防措施是焊条均应按说明书规定的温度和时间进行烘焙，药皮开裂、剥落、偏心过大以及焊芯锈蚀的焊条不能使用；钢筋焊接区域内的水、锈、油、熔渣及水泥浆等必须清除干净，雨雪天气不能焊接；焊接过程中，可适当加大焊接电流，降低焊接速度，使熔池中的气体完全逸出。

3.3.2.3　烧伤钢筋表面

钢筋焊接时由于操作不当，使焊条、焊把等与钢筋非焊接部位接触，短暂地引起电弧后，将钢筋表面局部烧伤，会造成缺肉或凹坑，或者产生淬硬组织，如图 3-6 所示。电弧烧伤钢筋表面对钢筋有严重的脆化作用，特别是 HRB335、HRB400 级钢筋在低温焊接时表面烧伤，一般是发生脆性破坏的起源点。

钢筋焊接时，应仔细操作，避免带电金属与钢筋相碰引起电弧。不得在非焊接部位随意引燃电弧。地线与钢筋接触应良好紧固，在外观检查中发现钢筋有烧伤缺陷时，应当予以铲除磨平，视情况焊补加固，然后进行回火处理，回火温度通常以 500~600℃为宜[7]，钢筋电弧焊的合格做法如图 3-7 所示。

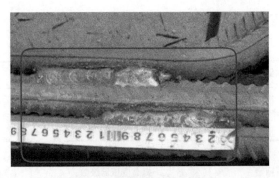

图 3-6 钢筋电弧焊不合格

图 3-7 钢筋电弧焊合格做法

3.3.3 钢筋闪光对焊不合格

钢筋闪光对焊不合格是指对接轴线不在同一直线上，接头处存在较大的弯折角、夹渣等现象，如图 3-8 所示。主要原因是现场操作人员不了解闪光对焊的基本规范要求，导致对焊接头不符合规范要求。

图 3-8 钢筋闪光对焊不合格

钢筋对焊异常现象、焊接缺陷及防治措施见表 3-8[6]。

表 3-8　钢筋对焊异常现象、焊接缺陷及防治措施

异常现象和缺陷种类	防治措施
烧化过分剧烈，并产生强烈的爆炸声	1. 降低变压器级数； 2. 减慢烧化速度
闪光不稳定	1. 消除电极底部和表面的氧化物； 2. 提高变压器级数； 3. 加快烧化速度
接头中有氧化膜、未焊透或夹渣	1. 增加预热程度； 2. 加快临近顶锻时的烧化速度； 3. 确保带电顶锻过程； 4. 加快顶锻速度； 5. 增大顶锻压力
接头中有缩孔	1. 降低变压器级数； 2. 避免烧化过程过分强烈； 3. 适当增大顶锻留量及顶锻压力
焊缝金属过烧或热影响区过热	1. 减小预热程度； 2. 加快烧化速度，缩短焊接时间； 3. 避免过多带电顶锻
接头区域裂纹	1. 检验钢筋的碳、硫、磷含量；若不符合规定，应更换钢筋； 2. 采取低频预热方法，增加预热程度
钢筋表面微熔及烧伤	1. 清除钢筋被夹紧部位的铁锈和油污； 2. 清除电极内表面的氧化物； 3. 改进电极槽口形状，增大接触面积； 4. 夹紧钢筋
接头弯折或轴线偏移	1. 正确调整电极位置； 2. 修整电极钳口或更换已变形的电极； 3. 切除或矫直钢筋的弯头

3.3.4　电渣压力焊接不合格

电渣压力焊接不合格主要表现为焊包不饱满、钢筋对接偏心、焊包偏心等，

如图 3-9 所示。主要原因有：现场实际操作工人没有经过系统的培训、对其施工工艺不了解；为了加快施工速度，没有及时检查造成质量不合格。

(a)　　　　　　　　　　　　　　(b)

图 3-9　电渣压力焊接不合格
(a) 焊接不饱满；(b) 焊接后出现上下错位

工程建设中电渣压力焊的运用较为广泛，在施工时一定要严格按照要求进行操作。在焊接生产中焊工应进行自检，当发现偏心、弯折、烧伤等焊接缺陷时，应查找原因和采取措施，及时消除。电渣压力焊接头外观检查结果应符合下列要求：

(1) 四周焊包凸出钢筋表面的高度不得小于 4mm。

(2) 钢筋与电极接触处，应无烧伤缺陷。

(3) 接头处的弯折角不得大于 3°。

(4) 接头处的轴线偏移不得大于钢筋直径的 0.1 倍，且不得大于 2mm。

3.3.5　钢筋搭接不规范

施工现场中钢筋搭接不规范主要表现为：钢筋搭接时绑扎不到位；钢筋搭接错误；钢筋搭接长度不够，如图 3-10 所示。主要原因有：现场工人不熟悉钢筋绑扎搭接的规范，造成搭接不符合施工规范要求；钢筋搭接接头未错开；或绑扎长度不够。

施工过程中应有专业的技术人员进行指导施工，施工时应认真地进行技术交底。对于钢筋普通绑扎搭接，应该按照以下几点进行操作：

(1) 各受力钢筋的绑扎接头位置应相互错开。从任意绑扎接头中心至搭接长度的 1.3 倍区段范围内，有绑扎接头的受力钢筋截面面积占受力钢筋总截面面积为：受拉区不得超过 25%，受压区不得超过 50%。

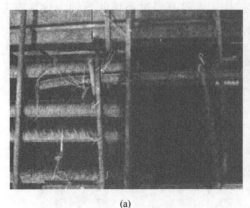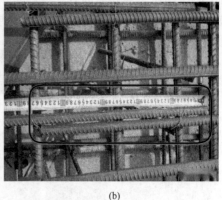

(a)　　　　　　　　　　　　　　　(b)

图 3-10　钢筋搭接不规范

（a）钢筋搭接时绑扎不到位；（b）钢筋搭接长度不足

（2）焊接接头及绑扎接头搭接长度的末端距钢筋弯折处不应小于钢筋直径的 10 倍，且不宜位于构件的最大弯矩处。

（3）采用焊接接头时，从任一焊接接头中心量长度为 $35d$（d 为钢筋直径）且小于 500mm 的区段内，同一根钢筋不得有两个接头，而且有接头耐受力的钢筋截面面积占受力钢筋总截面面积为：受拉区不得超过 50%。

3.4　钢筋安装质量通病及防治

3.4.1　楼板上层钢筋保护层不足

施工时由于混凝土保护层垫块或垫铁设置不当或数量不足，或梁上排铁标高过低，或浇筑时钢筋踩踏无保护措施；浇筑时变形钢筋未及时修复，失效垫块或垫铁未及时复原或更换等原因，造成楼板上层钢筋保护层不满足要求，如图 3-11 所示。

图 3-11　楼板上层钢筋保护层不足

施工时应按照下排钢筋绑扎→水电线管安装→马凳铁放置→上排钢筋绑扎→成品保护的工艺流程进行施工,重点控制措施包括:

(1) 进行设计优化。分布筋如为一级钢,争取改为三级钢,争取间距150mm;对于图纸中未明确马凳做法的,在会审纪要中明确采取通长马凳及规格;对于部分面积较小的板,由于存在线管附加钢筋、分布筋交叉区域、负弯筋端部弯折和通长马凳,应综合考虑,可以拉通上部负弯筋成为双层双向板。

(2) 梁截面控制。梁底垫块必须准确置于箍筋下方并固定,不得置于主筋下方;梁箍筋尺寸必须严格满足保护层要求,不得随意缩小截面尺寸。

(3) 保护层垫块。应使用通长马凳,马凳数量必须满足要求。

(4) 成品保护。浇筑时应使用浇灌道,尽量避免踩踏钢筋。浇筑时安排专人值守,及时修复变形钢筋,复原或更换失效马凳。

楼板上层钢筋保护层质量合格的做法如图3-12所示。

图 3-12　楼板上层钢筋保护层质量合格做法

3.4.2　楼(面)板钢筋安装不合格

由于钢筋配料时没有认真安排下料长度的合理搭配导致同一区段接头数量和锚固长度不满足要求,或钢筋成型尺寸不准确,钢筋骨架绑扎不当,造成骨架外形尺寸偏大,局部抵触模板,或保护层垫块安装不当数量不足导致露筋,如图3-13所示。

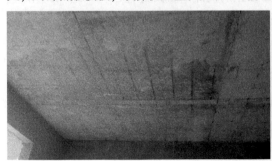

图 3-13　楼板钢筋安装不合格

对于上述情况，楼板安装时，应按清理模板→弹板筋排列线→安装底层钢筋→安装支撑和马凳→安装上层钢筋→钢筋验收的工艺流程进行施工。

施工时模板上的混凝土、油渍、木屑及其他杂物必须清理干净，按照设计图纸要求的间距在板模上画出主筋及分布筋排列线，偏差控制在 10mm 以内；画线时，距离梁构件外边缘间距为板筋间距的一半。垫块间距为 1.5m，垫块厚度等于保护层厚度，应满足设计要求；根据已画好的排列线，先摆放主筋，再摆放分布筋；现浇板中有板带梁时，应先绑板带梁钢筋。底筋绑扎过程中，预埋件、电线管、预留孔等及时配合安装，并且不得切断或移动钢筋。面筋及底筋之间应按照设计间距放置钢筋支撑或马凳筋，并与板筋绑扎牢靠。钢筋的规格、形状、尺寸、数量、间距、锚固长度和接头位置必须符合设计要求和施工规范的规定；钢筋保护层厚度的相关措施做到位；搭设施工通道，做好成品保护。

楼（面）板钢筋安装合格的做法如图 3-14 所示。

图 3-14 楼（面）板钢筋安装合格做法

3.4.3 剪力墙钢筋安装不合格

剪力墙钢筋安装时未按照要求设置垫块、梯子筋或设置数量不足，无有效定位措施造成钢筋保护层厚度不足和钢筋偏位；剪力墙拉钩歪斜或者设置不规范，导致墙体内外侧钢筋间距不满足要求；剪力墙钢筋端部锚固长度不足，如图 3-15 所示。

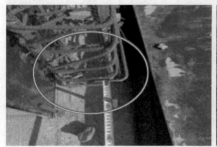

图 3-15 剪力墙钢筋安装不合格

剪力墙钢筋安装时应先弹剪力墙边线和控制线，剔除混凝土表面的浮浆，修理清洁预留钢筋，清理纵向筋或插筋上的混凝土、油渍、锈斑和其他污物；然后安装2~4根纵向钢筋，并画好横筋定位标志，然后在下部及齐胸处绑两根定位水平筋，并在横筋上画好纵筋定位标志；如剪力墙中有暗梁、暗柱时，应先绑暗梁、暗柱再绑周围横筋。主筋与预留搭接筋的搭接长度符合要求，绑扎接头相互错开；横向筋在两端头、转角、十字节点、连梁等部位的锚固长度及洞口周围加固钢筋等，均应符合设计抗震要求；全部钢筋的相交点都要扎牢。必须设置梯子筋，间距在1500mm左右，宽度为墙体厚度减去2mm，钢筋伸出两边部分及端部刷防锈漆；拉钩端头应弯成135°，平直部分长度不小于10d。钢筋规格、形状、尺寸、数量、间距、锚固长度、接头位置等必须符合设计要求和施工规范的规定；钢筋保护层厚度控制措施做到位。

待绑扎完其余纵横向钢筋后安装拉筋和支撑筋，钢筋隐蔽验收后方可浇筑混凝土。

剪力墙钢筋安装质量合格的做法如图3-16所示。

图3-16 剪力墙钢筋安装合格做法

3.4.4 梁钢筋安装不合格

进行梁钢筋安装时，由于配料没有认真安排下料长度的合理搭配导致同一区段接头数量和锚固长度不满足要求。钢筋成型尺寸不准确，钢筋骨架绑扎不当，造成骨架外形尺寸偏大，局部抵触模板；保护层垫块安装不当导致露筋，如图3-17所示。

施工时应按照标画箍筋间距线→主次梁模板上口铺横杆→安装主梁底层纵筋→安装次梁底层纵筋→安装主梁腰筋及上层钢筋→按箍筋间距绑扎→安装次梁腰筋及上层钢筋→按箍筋间距绑扎→抽横杆、钢筋落于模板内→钢筋验收的流程进行施工。

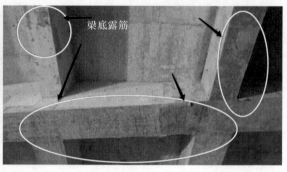

图 3-17 梁钢筋安装不合格

　　按图纸要求在梁侧模板上画箍筋间距定位线，箍筋间距控制线偏差控制在 20mm 以内；梁端部第一个箍筋应距离柱节点边缘 50m；梁端部箍筋的加密长度及箍筋间距均应满足设计要求。横杆采用 ϕ48mm 的钢管，间距控制在 1.5m 以内。梁的受力钢筋直径小于 22mm 时，可采用绑扎接头，搭接长度应符合规范要求，当受力钢筋直径不小于 22mm 时，宜采用焊接接头。焊接质量满足规范要求，纵筋伸入中间节点、端部节点内的锚固长度及伸过中心线的长度应符合设计要求。箍筋与主筋要垂直，弯钩叠合处应沿梁水平筋交错布置，并绑扎牢固；端头应弯成 135°，平直部分长度不小于 10d。抽横杆之前，确保垫块位置及间距满足要求，保护层厚度措施做到位。两侧保护层均匀，且符合要求。钢筋及模板必须清洁干净；规格、数量、间距、锚固长度、接头位置必须符合设计要求和施工规范的规定。

　　梁钢筋安装合格的做法如图 3-18 所示。

图 3-18 梁钢筋安装合格做法

3.4.5 柱钢筋安装不合格

进行柱钢筋安装时，由于配料时没有认真安排原材料下料长度的合理搭配，导致同一连接区段接头过多、接头位置不对，保护层垫块垫得太稀或脱落；钢筋骨架绑扎不当，造成骨架外形尺寸偏大，局部抵触模板形成露筋现象；钢筋绑扎安装不牢、随意、未绑扎；柱竖向筋未定位复核；未画线绑扎箍筋，导致钢筋偏位，箍筋间距不对，如图3-19所示。

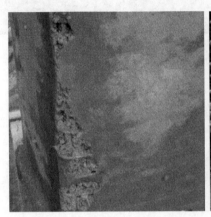

图 3-19　柱钢筋安装不合格

柱钢筋安装时应先对钢筋进行除锈处理，对主筋进行定位，套柱箍筋并安装竖向受力筋，在竖向受力筋上画出箍筋间距线，按照箍筋间距绑扎固定箍筋，进行钢筋隐蔽工程验收。

施工过程中纵向筋或插筋上的混凝土、油渍、锈斑应清理干净；主筋均匀排布；保护层厚度满足设计要求；按图纸要求间距计算箍筋数量；对角纵向钢筋上画箍筋定位线，箍筋间距控制线偏差控制在20mm以内，按照箍筋定位线套箍筋，箍筋由上往下绑扎，主筋与箍筋非转角部分的相交点应正反交错绑扎；箍筋的弯钩叠合处应沿柱子竖筋交错布置，并绑扎牢固。第一道箍筋的位置离板面50mm，箍筋弯钩叠合处沿柱四角错开摆放；箍筋的端头应弯成135°，平直部分长度不小于10d；受力钢筋接头宜相互错开，接头宜避开柱端箍筋加密区，接头检测试件符合规程要求；钢筋规格、形状、尺寸、数量、间距、锚固长度、接头位置符合设计要求和施工规范的规定。柱钢筋安装合格的做法如图3-20所示。

图 3-20 柱钢筋安装合格做法

4　混凝土工程

4.1　混凝土强度的影响因素

混凝土强度的影响因素很多，分为内在因素和外在因素，如图 4-1 所示，图中为主要的影响因素。下面就主要的几种影响因素进行分析。

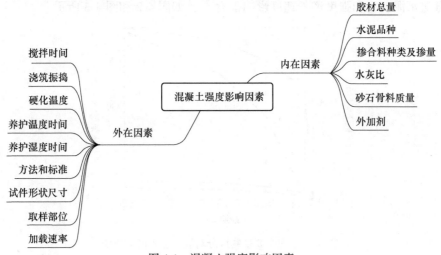

图 4-1　混凝土强度影响因素

4.1.1　水泥

水泥属于工程施工中比较常见的胶结材料，在混凝土中所发挥的作用是不可替代的，其在混凝土总体积中所占据的比例为 10%~15%。在混凝土强度的所有影响因素中，水泥强度起到了决定性的作用。当其他条件相同时，随着水泥标号的不断提高，混凝土的黏结力逐渐增强，从而有效提高混凝土的强度。同时，水泥细度和水泥的化学成分将会直接决定水泥强度的高低，化学成分的差异及其在熟料中所占的比例，将会对水泥的基本性质产生决定性的影响，这样就可以得到不同类型的水泥。

4.1.1.1　水泥矿物成分

水泥是混凝土很重要的原材料，随着生产技术的发展，目前我国水泥的生产技术质量控制标准化程度非常高，因此，水泥作为原材料之一，对混凝土强度的影响空间也比较小。但是，混凝土在不同季节、不同结构、不同施工方案中对强度增长的速度要求不同，怎么才能通过控制水泥中的矿物成分含量和水泥细度来调整混凝土强度的增长速度呢？这就需要对构成水泥生料的成分进行研究。

　　水泥熟料中含有多种矿物成分，其中对混凝土性能影响较大的有硅酸三钙 C_3S、硅酸二钙 C_2S、铝酸三钙 C_3A 和铁铝酸四钙 C_4AF，最重要的是硅酸三钙 C_3S 和硅酸二钙 C_2S，从图 4-2 中可以看出 C_3S 的早期强度比其他矿物高出许多，C_2S 在 28d 后才会有较大的强度伸展，到龄期约一年时的强度才能和 C_3S 大致相等，所以 C_3S 含量较高的水泥有较高的早期强度，长期强度也不低；C_2S 含量较高的低热水泥，早期强度较低，长期强度等于或高于一般硅酸盐水泥；C_3A 的自体水硬性很低，但由于有促进 C_3S 水化的功用，所以在早期强度的发展中占有非常重要的地位；C_4AF 对水泥强度的贡献小，是造成水泥颜色呈灰黑色的主要原因。因此，铝酸三钙 C_3A 和铁铝酸四钙 C_4AF 的早期水化速度非常快，这些矿物成分对水泥水化和强度增长速度影响很大[3]，如图 4-2 和图 4-3 所示。

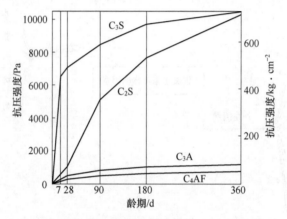

图 4-2　水泥主要矿物成分对混凝土强度的影响

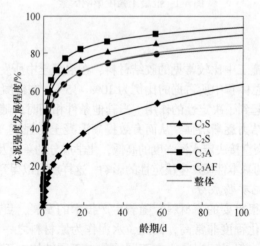

图 4-3　水泥主要矿物成分对水泥物理力学性能的影响

从表 4-1 中可以看出几种矿物对水泥的水化速度、产生的水化热、强度、耐化学侵蚀和干缩性方面的影响。

表 4-1　水泥主要矿物对水泥性能的影响

矿物组成	硅酸三钙 C_3S	硅酸二钙 C_2S	铝酸三钙 C_3A	铁铝酸四钙 C_4AF
水化速度	较快	慢	快	中
水化热	中	低	高	中
强度	高	早期低后期高	低	中（抗折强度）
耐化学侵蚀	中	良	差	优
干缩性	中	小	大	小

因此，在工程中，可以根据工程需要调整水泥中矿物成分的含量，以达到提高效率、节约成本的目的。比如对于需要早期强度的结构构件，可以要求水泥熟料中的 C_3A 和 C_3S 含量比较高。而在路桥工程中，因为对结构的抗折强度、耐磨性能、抗冻性能要求比较高，同时要求收缩性小，所以要求水泥熟料中的 C_3A 含量低，而硅酸二钙 C_2S 和铁铝酸四钙 C_4AF 的含量高。对于有中、低水化热要求的部位，熟料中就应进一步限制 C_3A 的含量，同时提高硅酸二钙 C_2S 的含量。

4.1.1.2　水泥品种

从表 4-2 可以看出，不同水泥品种的抗压强度和抗折强度是不同的。总的来说，硅酸盐水泥和普通硅酸盐水泥 3d 龄期强度比矿渣硅酸盐水泥、火山灰质硅酸盐水泥和复合硅酸盐水泥强度要高，但 28d 龄期二者是一样的。而带有 R 标识的水泥 3d 龄期强度比没有 R 标识的水泥强度要高。也就是说，当工程中需要早强混凝土时，应选用带"R"的水泥品种。

表 4-2　不同品种水泥的强度

品种	强度等级	抗压强度/MPa		抗折强度/MPa	
		3d	28d	3d	28d
硅酸盐水泥	42.5	≥17.0	≥42.5	≥3.5	≥6.5
	42.5R	≥22.0		≥4.0	
	52.5	≥23.0	≥52.5	≥4.0	≥7.0
	52.5R	≥27.0		≥5.0	
	62.5	≥28.0	≥62.5	≥5.0	≥8.0
	62.5R	≥32.0		≥5.5	

品种	强度等级	抗压强度/MPa		抗折强度/MPa	
		3d	28d	3d	28d
普通硅酸盐水泥	42.5	≥17.0	≥52.5	≥3.5	≥6.5
	42.5R	≥22.0		≥4.0	
	52.5	≥23.0	≥52.5	≥4.0	≥7.0
	52.5R	≥27.0		≥5.0	
矿渣硅酸盐水泥 火山硅酸盐水泥 粉煤灰硅酸盐水泥 复合硅酸盐水泥	32.5	≥10.0	≥32.5	≥2.5	≥5.5
	32.5R	≥15.0		≥3.5	
	42.5	≥15.0	≥42.5	≥3.5	≥6.5
	42.5R	≥19.0		≥4.0	
	52.5	≥21.0	≥52.5	≥4.0	≥7.0
	52.5R	≥23.0		≥4.5	

4.1.2 矿物掺合料

水泥中矿物掺合料包括活性矿物掺合料和非活性矿物掺合料。这些掺合料的加入，会对混凝土强度产生影响。

4.1.2.1 粉煤灰

粉煤灰属于低活性矿物掺合料，完全水化需要很长的时间。根据资料显示，混凝土的水胶比取0.5，60d龄期时，粉煤灰的水化反应程度也不会大于25%。水泥的水化反应生成物有氢氧化钙、水化铝酸钙、水化硅酸钙和水化硫铝酸钙等，在水泥水化过程中先生成上述物质。粉煤灰则具有同水泥水化生成氢氧化钙反应的特性，该反应滞后于水泥水化反应，被称作二次反应。在水泥石水化反应中存在着大量的未水化的粉煤灰颗粒，粉煤灰颗粒的形态多数是微珠玻璃球状，在反应初期粉煤灰微珠对水泥石与集料的界面黏结带来了不利的影响，降低了水泥浆与集料的黏结。粉煤灰的主要成分是氧化铝和氧化硅，二次反应生成水化硅酸钙和铝酸钙是混凝土强度的主要来源。由于二次反应滞后造成了混凝土凝结较慢，因此混凝土早期强度偏低。28d强度中，掺粉煤灰的混凝土发展较慢，强度低于普通混凝土。随着养护龄期的增长，水泥石中聚集的氢氧化钙作为碱激发剂，激发了更多的粉煤灰颗粒水化，硅酸钙和铝酸钙凝胶物增多，降低了原来水泥石中的总孔隙率，使水泥石的密实度进一步增大，这就是在养护后期，掺粉煤灰混凝土反而强度增加的原因。

4.1.2.2 硅灰

单掺硅灰的混凝土，因为硅灰自身的细小粒径和微集料效应使水泥石均匀性和密实性得到进一步的提高。在水化反应过程中产生的水化产物氢氧化钙与普通的硅酸盐混凝土相比要少，而硅酸钙和铝酸钙凝胶物的增多比硅酸盐水泥混凝土要多。混凝土中的主要水化产物为硅酸钙、铝酸钙凝胶物和钙矾石，增强了混凝土的密实性，可以提高混凝土的强度。由于加入的硅灰是矿物超细掺合料，混合料中细料增多用水量就会相应增大。在配合比试验中，在相同强度下采用了较大的水胶比 0.54，单位用水量增加，导致混凝土内部微裂缝的增加。虽然在长养护龄期内，硅灰也会发生火山灰效应，进一步提高水泥石的密实度，但是微裂缝的产生使掺加硅灰的混凝土强度增长得并不是很明显。

4.1.2.3 硅灰和粉煤灰双掺填料

硅灰和粉煤灰都是具有活性的矿物掺合料，可取代部分水泥。可以充当细集料或粗集料的填料，对新拌混凝土能明显增强黏聚性，减少泌水和集料分离，改善混凝土的内部结构。由于掺入的粉煤灰是微珠玻璃球状体，表面光滑，在混凝土拌合物中起到了"滚珠"作用，分散水泥颗粒，产生更多的浆体来润滑集料，从而降低了用水量，减少水泥石中因为用水量过大所造成的微裂缝。抗裂性能提高，且干缩变形减小，这些对混凝土的强度发展是有利的。粉煤灰掺入混凝土后，具有缓凝的作用。在短龄期内，强度发展很慢。而硅灰以更细的颗粒粒径填充在粉煤灰的空隙内，保证了短龄期内的混凝土强度。

硅灰细度超细，其比表面积不小于 $15000m^2/kg$，而粉煤灰比表面积不小于 $600m^2/kg$，因此硅灰具有超高活性，能更早地参与到水泥的水化反应中。随着硅灰和粉煤灰掺入，活性掺合物与水泥水化生成物氢氧化钙反应，生成的硅酸钙和铝酸钙凝胶体量增加，并且有较多的钙矾石晶体生成。这些都说明粉煤灰和硅灰的活性效应改善了水泥石的矿物组成，对混凝土强度提高起到了积极的作用。因此双掺硅灰和粉煤灰的混凝土强度在短、长龄期内都高于普通混凝土，如图 4-4 所示。

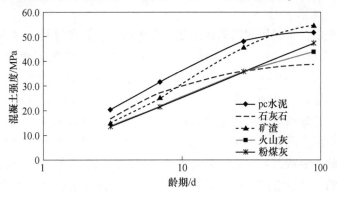

图 4-4　不同掺合料 20%取代水泥后的混凝土强度

4.1.3 水灰比

对于混凝土强度，水灰比所发挥的作用是不容忽视的，而混凝土强度的高低一般受内部毛细管孔隙率大小的影响，随着孔隙率的不断增大，混凝土强度随之降低。混凝土的水灰比和振捣的密实程度将会对混凝土内的孔隙体积产生决定性的影响，在振捣相同的情况下，随着水灰比的不断降低，混凝土的和易性也降低，导致混凝土振实不够充分，增加混凝土的孔隙率，致使混凝土的强度降低。反之，如果水灰比升高，将会在一定程度上降低混凝土强度[10]。图 4-5 为不同龄期时混凝土强度与水灰比的关系，从图中可以验证，不论是多长时间的龄期，混凝土强度都是随着水灰比的增加而降低的。

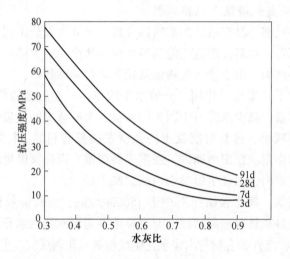

图 4-5　混凝土强度与水灰比的关系

4.1.4 骨料

在混凝土中，骨料所起到的作用是不容忽视的，其在混凝土总体积中所占据的比例达到了 66%~78%。通常情况下，用于混凝土的粗细骨料分界尺寸为4.75mm。粒径为 0.15~4.75mm 的为细骨料，大于 4.75mm 的为粗骨料。骨料的重要参数包括骨料的品种及级配、形状、表面状态等，集料强度通常需要超过混凝土强度，并且骨料承受应力也要超过混凝土强度。骨料颗粒中最常见的形状有椭圆形或棱角形，混凝土的耐久性和工作性能会在一定程度上受针状和片状颗粒的影响，因此，要按照相关要求来对其含量进行限定。骨料颗粒的表面状态会对骨料与水泥的黏结性能产生一定的影响，从而对混凝土的强度产生影响。

骨料品种对混凝土强度所产生的影响大小一般与水灰比有关，图 4-6 为不同水灰比情况下混凝土强度与粗骨料粒径之间的关系，从图中可以看出，水灰比如果低于 0.4 时，通过卵石制成的混凝土强度将会随着水灰比的不断增大而逐渐变小，但是其整体强度要小于由碎石制备的混凝土。水灰比如果为 0.7 时，由两种成分制备的混凝土强度不存在明显的差异。因此，在进行混凝土施工过程中，集料的级配发挥着重要的作用，级配良好的混凝土可以用较少的用水量来制成离析泌水性小、流动性好的混合料，而且可以得到均匀密实的混凝土，从而有效提高混凝土的强度。同时，在配制低强度的混凝土时，增大粗骨料的粒径对强度是没有影响的，但可以减少水泥用量，降低混凝土成本。

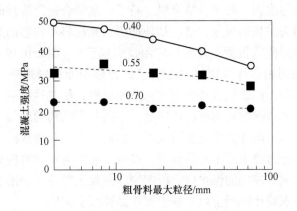

图 4-6　混凝土强度与粗骨料粒径关系

4.1.5　外加剂

　　掺入外加剂可改善混凝土的工作性能、提高混凝土强度和耐久性。混凝土外加剂的特点是品种多、掺量小，对混凝土性能影响较大。

　　混凝土工程中使用的外加剂主要有减水剂、早强剂、引气剂、缓凝剂、缓凝型减水剂等，外加剂的使用主要重视水泥的适应性。国家标准规定，检验外加剂是否合格，判断与水泥的适应性，是用标准水泥进行检验的，但在实际工程中，恰恰是使用生产水泥来检验外加剂是否合格，二者的检验结果存在比较大的差异，因此在实际工程中外加剂的掺入量与水泥适应性如何，在试配过程中要以实际使用的水泥来进行适应性试验，适应性不好表现在减水率低于用标准水泥的检验减水率，导致水胶比（水灰比）增加从而降低强度。另外混凝土拌合物工作性能差，影响施工，从而产生质量问题。

　　由于施工的需要，混凝土的实际用水量远远超过理论需水量，过剩的水会从混凝土内部蒸发出去，形成毛细管的通道，使水、空气及有害物质容易渗入，降低其抗渗性。加入减水剂后，使用水量大大降低，毛细管道减少，从而增强混凝土的密实性，提高强度。同时，外加剂的加入引入了许多细小的闭口孔隙，阻断了毛细管通道，使水、空气和有害杂质很难渗入，从而提高了混凝土的长期性能及耐久性能。

混凝土外加剂的应用促进了混凝土技术的飞跃发展，给混凝土工程带来了不可估量的经济效益，随着外加剂在混凝土中的广泛应用，其使用不当带来的负面影响也频繁出现，许多工程项目使用外加剂后不但达不到预期的技术经济效益，甚至出现工程事故。如新拌混凝土严重泌水、水泥浆分层离析、预拌混凝土坍落度损失过快，甚至运至工地的混凝土无法浇筑。硬化混凝土收缩增加甚至出现开裂，强度、长期性能和耐久性能降低等也屡见不鲜。

有的外加剂与水泥、砂子、掺合料、石子、水混合一起搅拌时，会出现掺量增大、坍落度损失加快的现象，这就是外加剂与原材料不相容的表现。要解决这一问题，可按照规范《混凝土外加剂应用技术规程》（GB 50119—2013）附录 A 的"混凝土外加剂相容性快速试验方法"进行前期原材料适应性检验，若外加剂与原材料不相容，则需更换外加剂或部分原材料，使其达到相容的状态。

目前，高效减水剂的应用已比较广泛，不同分子结构的外加剂有不同的使用效果。例如，氨基苯磺酸盐类及脂肪族类产品保水性差，单独掺用会增加混凝土泌水率，掺量高会造成混凝土分层离析，造成水泥浆与钢筋的握裹力差；而多环芳烃类高效减水剂有较好的保水性，所配制的混凝土黏性好，泌水少，与钢筋握裹力高，用于高水胶比混凝土效果好于其他品种减水剂。

市场上使用的缓凝剂种类较多，如蔗糖、糖蜜等；无机盐类如硫酸锌、聚磷酸钠等，羟基羧酸盐类如柠檬酸酒石酸等，它们的作用机理及使用效果也不尽相同，如糖类缓凝剂能有效抑制硅酸三钙水化，糖蜜后期增加强度的效果好，但与水泥适应性差，在用于以硬石膏作调凝剂的水泥时会产生假凝。

外加剂最佳掺量是保证混凝土良好技术经济效果的决定因素，随意掺加不但得不到较好的技术效果，更会给混凝土性能带来负面影响。例如，高效减水剂的掺量正常情况下，其 1d、3d、7d、28d 抗压强度分别比基准混凝土至少增加 140%、130%、125%、120%，但超量掺入不但减水率不再增长，混凝土泌水率也随之增大，对混凝土强度和耐久性能也会产生负面影响。

缓凝剂用量不够达不到预期缓凝效果，加入过量混凝土长期不凝，不但影响混凝土早期强度，而且混凝土水分蒸发较快，严重影响混凝土水化，致使混凝土强度降低，增加塑性收缩，增大收缩开裂的机会，从而降低混凝土的耐久性。

早强剂的过量加入使混凝土早期强度发展较快，但后期强度损失大，并会产生离析现象，增加混凝土导电性能，增大收缩开裂的概率，降低混凝土的长期性能和耐久性能。

引气剂的过量加入，混凝土工作性能反而下降，而且会影响混凝土抗压强度，抗冻、抗渗、抗碳化等耐久性能。

4.1.6 孔隙率

混凝土中的孔隙来源于拌合物搅拌、集料内部的孔隙、引气剂、消泡剂、水灰比、性能劣化引起的孔隙。水灰比越大，硬化混凝土中毛细孔孔径就越大，孔隙率就越大。当混凝土中的孔隙大于50nm时，称为宏观大孔，此类孔隙的存在直接影响混凝土的强度。当混凝土中的孔隙小于50nm时，称为微孔，此类孔隙影响着混凝土的干缩和徐变。

混凝土材料的孔隙率大小影响着混凝土材料吸水率的大小。具有细微而连通孔隙且孔隙率大的混凝土材料吸水率较大；具有粗大孔隙的混凝土材料，虽然水分容易渗入，但仅能润湿孔壁表面而不易在孔内存留，因而其吸水率不高；密实混凝土材料以及仅有封闭孔隙的材料是不吸水的。混凝土材料含水后，自重增加，强度降低，保温性能下降，抗冻性能变差，有时还会发生明显的体积膨胀。

混凝土的抗冻性与其孔隙结构有着密切的关系。在混凝土中，孔是水存在的空间，只有水存在时，在负温度条件下才可能结成冰。在饱和状态下，孔隙越多，冰冻越严重。所以，混凝土块孔隙率越大，则孔越多，混凝土的抗冻性越差。

4.1.7 养护条件

4.1.7.1 养护湿度

湿度是混凝土养护的重要条件之一，混凝土强度能够充分发展的依赖条件就是适宜的养护湿度，如果湿度不够，将影响水泥水化，甚至使水合作用停止，严重降低凝固的强度。从图4-7可以看出，在混凝土构件完全处于湿养护状态长达一年的时间内，混凝土强度一直在不断增长，而混凝土分别进行14d、7d、1d湿养护后就置于空气中自然养护，则混凝土强度的增长就越来越低，湿养护不到7d的混凝土强度达不到要求。因此，工程中特别强调构件养护湿度的重要性。

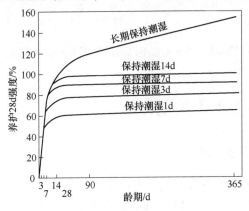

图 4-7　混凝土湿养护时间与强度的关系

4.1.7.2 养护温度

水泥的水化与温度密切相关，成正比关系，环境温度越高，水泥水化越快，环境温度越低，水泥水化越慢，接近零度时水泥停止水化。因此，当混凝土养护条件处于较低环境温度时，水泥自身水化缓慢且水化不充分，水化缓慢时就会形成被水化物包裹的未水化颗粒，被包裹在中心的未水化水泥，由于接触不到水分，就很难再水化了，造成了水泥水化不充分。水泥水化不充分又导致了水化产生的氢氧化钙少于正常水化的混凝土中的氢氧化钙，进一步影响了混凝土强度的发展。从水化机理看，在早期水泥能否及时水化、水化充分与否，直接影响到混凝土强度。因此，养护温度越高，混凝土早期强度就越高。但是如果温度太高了，早期强度容易过高，温度太低了又会影响混凝土的水化反应。因此养护温度要适宜。

图4-8为混凝土试块全程在不同温度养护条件下的强度发展情况，可以看出，温度较高时（超过20℃），养护初期温度越高，混凝土早期强度发展越快，到28d龄期时的强度相差不大，但温度较低时对混凝土强度发展影响较大。因此，混凝土养护时温度不宜低于标准养护温度。

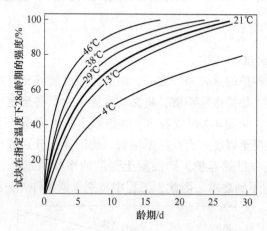

图4-8 混凝土在不同温度养护下的强度发展

4.2 现浇混凝土工程质量标准

4.2.1 混凝土工程质量标准

混凝土强度应按现行国家标准《混凝土强度检验评定标准》（GB/T 50107—2010）的规定分批检验评定。划入同一检验批的混凝土，其施工持续时间不宜超过3个月。检验评定混凝土强度时，应采用28d或设计规定龄期的标准养护试件。

试件成型方法及标准养护条件应符合现行国家标准《混凝土物理力学性能试验方法标准》（GB/T 50081—2019）的规定。采用蒸汽养护的构件，其试件应先随构件同条件养护，然后再置入标准养护条件下继续养护至28d或设计规定龄期。当采用非标准尺寸试件时，应将其抗压强度乘以尺寸折算系数，折算成边长为150mm的标准尺寸试件抗压强度。尺寸折算系数应按现行国家标准《混凝土强度检验评定标准》（GB/T 50107—2010）采用。

当混凝土试件强度评定不合格时，可采用非破损或局部破损的检测方法，按国家现行有关标准的规定对结构构件中的混凝土强度进行推定，并应按《混凝土结构工程施工质量验收规范》（GB 50204—2015）第10.2.2条的规定进行处理。混凝土有耐久性指标要求时，应按现行行业标准《混凝土耐久性检验评定标准》（JGJ/T 193—2009）的规定检验评定。对于大批量、连续生产的同一配合比混凝土，混凝土生产单位应提供基本性能试验报告。预拌混凝土的原材料质量、制备等应符合现行国家标准《预拌混凝土》（GB/T 14902—2012）的规定。

混凝土工程原材料的质量标准及验收方法应符合表4-3的规定。混凝土拌合物的质量标准及验收方法应符合表4-4的规定。混凝土施工的质量标准及验收方法应符合表4-5的规定[11]。

表4-3　混凝土工程原材料的质量标准及验收方法

项目	合格质量标准	检查数量	检验方法
主控项目	水泥进场时，应对其品种、代号、强度等级、包装或散装仓号、出厂日期等进行检查，并应对水泥的强度、安定性和凝结时间进行检验，检验结果应符合现行国家标准《通用硅酸盐水泥》（GB 175—2007）的相关规定	按同一厂家、同一品种、同一代号、同一强度等级、同一批号且连续进场的水泥，袋装不超过200t为一批，散装不超过500t为一批，每批抽样数量不应少于一次	检查质量证明文件和抽样检验报告
	混凝土外加剂进场时，应对其品种、性能、出厂日期等进行检查，并应对外加剂的相关性能指标进行检验，检验结果应符合现行国家标准《混凝土外加剂》（GB 8076—2008）和《混凝土外加剂应用技术规范》（GB 50119—2013）的规定	按同一厂家、同一品种、同一性能、同一批号且连续进场的混凝土外加剂，不超过50t为一批，每批抽样数量不应少于一次	
	水泥、外加剂进场检验，当满足下列条件之一时，其检验批容量可扩大一倍： 1. 获得认证的产品； 2. 同一厂家、同一品种、同一规格的产品，连续三次进场检验均一次检验合格		

项目	合格质量标准	检查数量	检验方法
一般项目	混凝土用矿物掺合料进场时，应对其品种、性能、出厂日期等进行检查，并应对矿物掺合料的相关性能指标进行检验，检验结果应符合国家现行有关标准的规定	按同一厂家、同一品种、同一批号且连续进场的矿物掺合料、粉煤灰、矿渣粉、磷渣粉、钢铁渣粉和复合矿物掺合料不超过200t为一批，沸石粉不超过120t为一批，硅灰不超过30t为一批，每批抽样数量不应少于一次	检查质量证明文件和抽样检验报告
	混凝土原材料中的粗骨料、细骨料质量应符合现行行业标准《普通混凝土用砂、石质量及检验方法标准》（JGJ 52—2006）的规定，使用经过净化处理的海砂应符合现行行业标准《海砂混凝土应用技术规范》（JGJ 206—2010）的规定，再生混凝土骨料应符合现行国家标准《混凝土用再生粗骨料》（GB/T 25177—2010）和《混凝土和砂浆用再生细骨料》（GB/T 25176—2010）的规定	按现行行业标准《普通混凝土用砂、石质量及检验方法标准》（JGJ 52—2006）的规定确定	检查抽样检验报告
	混凝土拌制及养护用水应符合现行行业标准《混凝土用水标准》（JGJ 63—2006）的规定。采用饮用水作为混凝土用水时，可不检验；采用中水、搅拌站清水、施工现场循环水等其他水源时，应对其成分进行检验	同一水源检查不应少于一次	检查水质检验报告

表4-4 混凝土拌合物的质量标准及验收方法

项目	合格质量标准	检查数量	检验方法
主控项目	预制混凝土进场时，其质量应符合现行国家标准《预拌混凝土》（GB/T 14902—2012）的规定	全数检查	检查质量证明文件
	混凝土拌合物不应离析	全数检查	观察

项目	合格质量标准	检查数量	检验方法
主控项目	混凝土中氯离子含量和碱总含量应符合现行国家标准《混凝土结构设计规范(2015年版)》(GB 50010—2010)的规定和设计要求	同一配合比的混凝土检查不应少于一次	检查原材料试验报告和氯离子、碱的总含量计算书
	首次使用的混凝土配合比应进行开盘鉴定,其原材料、强度、凝结时间、稠度等应满足设计配合比的要求	同一配合比的混凝土检查不应少于一次	检查开盘鉴定资料和强度试验报告
一般项目	混凝土拌合物稠度应满足施工方案的要求	对同一配合比混凝土,取样应符合下列规定: 1. 每拌制100盘且不超过100m³时,取样不得少于一次; 2. 每工作班拌制不足100盘时,取样不得少于一次; 3. 每次连续浇筑超过1000m³时,每200m³取样不得少于一次; 4. 每一楼层取样不得少于一次	检查稠度抽样检验记录
	混凝土有耐久性指标要求时,应在施工现场随机抽取试件进行耐久性检验,其检验结果应符合国家现行有关标准的规定和设计要求	同一配合比的混凝土,取样不应少于一次,留置试件数量应符合现行国家标准《普通混凝土长期性能和耐久性能试验方法标准》(GB/T 50082—2009)和《混凝土耐久性检验评定标准》(JGJ/T 193—2009)的规定	检查试件耐久性试验报告
	混凝土有抗冻要求时,应在施工现场进行混凝土含气量检验,其检验结果应符合国家现行有关标准的规定和设计要求	同一配合比的混凝土,取样不应少于一次,取样数量应符合现行国家标准《普通混凝土拌合物性能试验方法标准》(GB/T 50080—2016)的规定	检查混凝土含气量检验报告

表 4-5　混凝土施工的质量标准及验收方法

项目	合格质量标准	检查数量	检验方法
主控项目	混凝土的强度等级必须符合设计要求。用于检验混凝土强度的试件应在浇筑地点随机抽取	对同一配合比混凝土，取样与试件留置应符合下列规定： 1. 每拌制 100 盘且不超过 100m³ 时，取样不得少于一次； 2. 每工作班拌制不足 100 盘时，取样不得少于一次； 3. 连续浇筑超过 1000m³ 时，每 200m³ 取样不得少于一次； 4. 每一楼层取样不得少于一次； 5. 每次取样应至少留置一组试件	检查施工记录及混凝土强度试验报告
一般项目	后浇带的留设位置应符合设计要求，后浇带和施工缝的留设及处理方法应符合施工方案要求	全数检查	观察
	混凝土浇筑完毕后应及时进行养护，养护时间以及养护方法应符合施工方案要求	全数检查	观察，检查混凝土养护记录

4.2.2　现浇结构工程质量标准

　　现浇结构质量验收应在拆模后、混凝土表面未作修整和装饰前进行，并应做出记录；已经隐蔽的不可直接观察和量测的内容，可检查隐蔽工程验收记录；修整或返工的结构构件或部位应有实施前后的文字及图像记录。现浇结构的外观质量缺陷应由监理单位、施工单位等各方根据其对结构性能和使用功能影响的严重程度按表 4-6 确定。现浇结构混凝土外观质量标准及验收方法应符合表 4-7 的规定。现浇结构混凝土位置和尺寸偏差的质量标准及验收方法应符合表 4-8 的规定。现浇结构位置、尺寸允许偏差应符合表 4-9 的规定。现浇设备基础位置和尺寸允许偏差应符合表 4-10 的规定[4]。

表 4-6 现浇结构外观质量缺陷

名称	现象	严重缺陷	一般缺陷
露筋	构件内钢筋未被混凝土包裹而外露	纵向受力钢筋有露筋	其他部位有少量露筋
蜂窝	混凝土表面缺少水泥砂浆面，形成石子外露	构件主要受力部位有蜂窝	其他部位有少量蜂窝
孔洞	混凝土中孔穴深度和长度均超过保护层厚度	构件主要受力部位有孔洞	其他部位有少量孔洞
夹渣	混凝土中夹有杂物且深度超过保护层厚度	构件主要受力部分有夹渣	其他部位有少量夹渣
疏松	混凝土中局部不密实	构件主要受力部位有疏松	其他部位有少量疏松
裂缝	裂缝从混凝土表面延伸至混凝土内部	构件主要受力部位有影响结构性能或使用功能的裂缝	其他部位有少量不影响结构性能或使用功能的裂缝
连接部位缺陷	构件连接处混凝土有缺陷及连接钢筋、连接件松动	连接部位有影响结构传力性能的缺陷	连接部位有基本不影响结构传力性能的缺陷
外形缺陷	缺棱掉角、棱角不直、翘曲不平、飞边凸肋等	清水混凝土构件有影响使用功能或装饰效果的外形缺陷	其他混凝土构件有不影响使用功能的外形缺陷
外表缺陷	构件表面麻面、掉皮、起砂、沾污等	具有重要装饰效果的清水混凝土构件有外表缺陷	其他混凝土构件有不影响使用功能的外表缺陷

表 4-7 现浇结构混凝土外观质量标准及验收方法

项目	合格质量标准	检查数量	检验方法
主控项目	现浇结构的外观质量不应有严重缺陷，对已经出现的严重缺陷，应由施工单位提出技术处理方案，并经监理单位认可后进行处理；对裂缝、连接部位出现的严重缺陷及其他影响结构安全的严重缺陷，技术处理方案尚应经设计单位认可，对经处理的部位应重新验收	全数检查	观察，检查处理记录
一般项目	现浇结构的外观质量不应有一般缺陷，对已经出现的一般缺陷，应由施工单位按技术处理方案进行处理。对经处理的部位应重新验收	全数检查	观察，检查处理记录

表 4-8 现浇结构混凝土位置和尺寸偏差的质量标准及验收方法

项目	合格质量标准	检查数量	检验方法
主控项目	现浇结构不应有影响结构性能或使用功能的尺寸偏差；混凝土设备基础不应有影响结构性能和设备安装的尺寸偏差。对超过尺寸允许偏差且影响结构性能和安装、使用功能的部位，应由施工单位提出技术处理方案，经监理、设计单位认可后进行处理。对经处理的部位应重新验收	全数检查	量测，检查处理记录
一般项目	现浇结构的位置、尺寸偏差及检验方法应符合表 4-9 的规定	按楼板、结构缝或施工段划分检验批。在同一检验批内，对梁、柱和独立基础，应抽查构件数量的 10%，且不应少于 3 件；对墙和板，应按有代表性的自然间抽查 10%，且不应少于 3 间；对大空间结构，墙可按相邻轴线间高度 5m 左右划分检查面，板可按纵、横轴线划分检查面，抽查 10%，且均不应少于 3 面；对电梯井，应全数检查	
	现浇设备基础的位置和尺寸应符合设计和设备安装的要求。其位置和尺寸偏差及检验方法应符合表 4-10 的规定	全数检查	

表 4-9 现浇结构位置、尺寸允许偏差及验收方法

项 目			允许偏差/mm	检验方法
轴线位置	整体基础		15	经纬仪及尺量
	独立基础		10	经纬仪及尺量
	柱、墙、梁		8	尺量
垂直度	柱、墙层高	≤6m	10	经纬仪或吊线、尺量
		>6m	12	经纬仪或吊线、尺量
	全高 $H \leqslant 300$m		$H/30000+20$	经纬仪、尺量
	全高 $H > 300$m		$H/10000$ 且 $\leqslant 80$	经纬仪、尺量

项 目		允许偏差/mm	检验方法
标高	层高	±10	水准仪或拉线、尺量
	全高	±30	水准仪或拉线、尺量
截面尺寸	基础	+15, -10	尺量
	柱、梁、板、墙	+10, -5	尺量
	楼梯相邻踏步高差	±6	尺量
电梯井洞	中心位置	10	尺量
	长、宽尺寸	+25, 0	尺量
表面平整度		8	2m 靠尺和塞尺量测
预埋件中心位置	预埋板	10	尺量
	预埋螺栓	5	尺量
	预埋管	5	尺量
	其他	10	尺量
预留洞、孔中心线位置		15	尺量

注：1. 检查轴线、中心线位置时，沿纵、横两个方向测量，并取其中偏差的较大值。

2. H 为全高，单位为 mm。

表 4-10　现浇设备基础位置、尺寸允许偏差及验收方法

项 目		允许偏差/mm	检验方法
坐标位置		20	经纬仪及尺量
不同平面标高		0, -20	水准仪或拉线、尺量
平面外形尺寸		±20	尺量
凸台上平面外形尺寸		0, -20	尺量
凹槽尺寸		+20, 0	尺量
平面水平度	每米	5	水平尺、塞尺量测
	全长	10	水准仪或拉线、尺量
垂直度	每米	5	经纬仪或吊线、尺量
	全高	10	经纬仪或吊线、尺量

项　　目		允许偏差/mm	检验方法
预埋地脚螺栓	中心位置	2	尺量
	顶标高	+20, 0	水准仪或拉线、尺量
	中心距	±2	尺量
	垂直度	5	吊线、尺量
预埋地脚螺栓孔	中心线位置	10	尺量
	截面尺寸	+20, 0	尺量
	深度	+20, 0	尺量
	垂直度	$h/100$ 且 ≤10	吊线、尺量
预埋活动地脚螺栓锚板	中心线位置	5	尺量
	标高	+20, 0	水准仪或拉线、尺量
	带槽锚板平整度	5	直尺、塞尺量测
	带螺纹孔锚板平整度	2	直尺、塞尺量测

注: 1. 检查坐标、中心线位置时, 应沿纵、横两个方向测量, 并取其中偏差的较大值。

2. h 为预埋地脚螺栓孔孔深, 单位为 mm。

4.3 混凝土拌合物常见质量通病与预防

4.3.1 坍落度变大

商品混凝土通常在拌合站出场时, 坍落度是符合要求的, 比如出场时为 (180±20)mm, 结果到施工现场, 浇筑前再测, 就变成了 220mm, 就不符合要求了, 这时就不能再使用这批混凝土进行浇筑了。导致坍落度变大的原因主要有原材料方面、生产运输方面、环境方面和施工方面。

4.3.1.1 原材料

原材料方面对坍落度的影响主要包含如下内容:

(1) 当混凝土外加剂中缓凝剂的成分过多时, 施工为了赶工期, 搅拌站往往在搅拌时搅拌时间较短, 等运输到施工现场开始浇筑时, 缓凝剂才开始发挥作用, 所以在现场就出现坍落度过大、混凝土离析的现象。

(2) 拌和混凝土时往往不重视外加剂和水泥的适应性试验, 有些工程不止一家水泥供货商，有的做了适应性试验，有的没有做，当外加剂与水泥的适应性不好时，就会导致坍落度变大。

（3）冬季施工时，当室外温度较低，特别是接近零度时，又没有采取冬季施工的措施，混凝土的温度达到10℃以下，混凝土搅拌时干涩，无法拌开，为了满足坍落度的要求，就会增加外加剂的使用量，结果混凝土到现场时就会出现坍落度变大。

（4）当细骨料使用河砂或者水洗砂时，坍落度试验时只做一次，或者坍落度试验用砂取的是砂堆表面的砂，按表面砂的含水率确定施工配合比。然而砂堆表面、中间和底部的含水率是不一样的，越往下面，砂的含水率越大，这样就导致后面的混凝土坍落度变大。

4.3.1.2 生产运输

在混凝土生产运输过程中，混凝土搅拌不均匀，外加剂没有发挥作用，或者说拌筒内有积水都会导致坍落度变大。另外有些司机在运输混凝土过程中，觉得坍落度不够，会中途加水，或者罐车转速过低，致使均匀性变差，导致现场下料时混凝土坍落度变大。

4.3.1.3 环境

当施工环境温度过低时，会直接导致影响混凝土的水化速率变慢，如果说连续温度低于5℃，或者某一天的温度低于零度，此时应进入冬季施工的状态，采取冬季施工的措施。拌合站的混凝土罐车没有设计挡雨措施，在雨雪天气情况下，雨雪从进料口进入运输车内，使得混凝土中水分增加，也会导致坍落度变大。

4.3.1.4 施工

混凝土浇筑的方式不恰当，比如在浇筑墙体或柱子混凝土时，下料过程中垂直下料的高度应该是在2m以内，但由于整块模板的高度是4~8m，施工时接料斗只有1m，这样的话混凝土下料高度远远超过2m，混凝土骨料和浆体是一定会分离的。

混凝土振捣时不注意方式方法，振捣时间过长，导致混凝土浆体聚集。尤其是使用附着式振动器时，由于不需要人工动手，只需开机就行，工人往往不注意时间，导致时间过长浆体聚集。某工程采用C30泵送混凝土，由于外加剂罐的循环泵没有开启，外加剂不均匀，导致外加剂超掺，罐车到达现场后，造成了离析，如图4-9所示。

图4-9 混凝土离析

4.3.2 坍落度损失过大

混凝土刚到现场做坍落度试验时是满足要求的，但是在浇筑的过程中，坍落度越来越小，到后来就振不动了，导致后面的蜂窝麻面等各种外观问题，这个很可能是由于坍落度损失过大造成的。导致坍落度损失过大的原因主要有原材料方面、环境方面和运输浇筑方面。

4.3.2.1 原材料

聚羧酸减水剂的天敌就是泥，当粗、细集料的含泥料或者泥块含量太高，外加剂首先不是和水发生作用，和水泥发生作用去减水，而是第一时间被泥完全吸收，变成了泥块儿，这个时候外加剂就没有作用了。

图 4-10 和图 4-11 是某工程的出场时和现场坍落度检测试验，采用的是 C30 泵送混凝土，出场时实测坍落度是 220mm，运输 1h 后，现场实测坍落度只有 140mm，损失了 80mm，造成坍落度损失过大，混凝土报废。追查原因后发现，所使用的细骨料河砂的实测含泥量为 5.0%，砂中的泥对外加剂的吸附量很大，导致了坍落度损失过大。因此工程中尽量避免使用含泥量过大的砂，如果避免不了，一定要用水洗，将砂的含泥量降到规范允许的范围。

图 4-10 出场坍落度试验　　　　　　　图 4-11 现场坍落度试验

粉煤灰的质量不稳定也会造成坍落度损失。施工过程中随着时间的延伸，粉煤灰的进货批次发生变化，后期到货的粉煤灰等级不满足质量要求，需水量增大，导致坍落度损失过大。

另外施工中水泥温度高，降低了外加剂的保坍、缓凝能力，导致坍落度损失过大，《通用硅酸盐水泥》（GB 175—2007）规定，水泥的温度在浇筑混凝土的时候不允许超过60℃，但由于各种原因，往往无法做到保证水泥温度在60℃以下。另外有些水泥厂由于原材料紧张等各种原因，产能跟不上，在水泥供货紧张的情况下，又遇上工地赶工期，导致水泥拉到现场也不测温，直接就拿去用，这样的话就会使坍落度损失过大，更严重的还可能发生质量问题。

某工程采用C35等级的混凝土浇筑楼板，泵送高度为29~36m，出场时坍落度为220mm，运输时间45min到现场，到现场实测坍落度只有170mm，损失了50mm，泵送时发生堵管、混凝土结块，导致不能正常浇筑。原因是水泥的入机温度超过60℃，在运输过程中水泥迅速水化，导致坍落度损失特别大，造成堵管和结块，如图4-12所示。

图4-12 泵送混凝土堵管、结块

另外外加剂的缓凝、保塑组分不够，初始坍落度可以达到要求，但是由于外加剂没有后续的续航能力，这就导致后期的坍落度损失过大。

4.3.2.2 环境

水泥的水化速度在温度为20℃时和外界温度很高时是完全不同的，有的项目所在地，一天之内温差变化特别大，比如高海拔地区和沙漠地区的项目，一天就能经过3个季节，气温变化较快，施工现场对外加剂的用量很难跟上温度变化的节奏，这就导致混凝土的坍落度损失过大。

4.3.2.3 运输浇筑

由于拌合站调度的原因导致混凝土罐车发生现场积压、不能及时发车，或者运输途中发生堵车等，导致坍落度损失较大。另外如果混凝土罐车的转速太快，使水泥水化速度加快，也会导致坍落度损失过大。

4.3.3 混凝土可泵性差

施工现场混凝土泵不出去是很麻烦的事情，究其原因，主要是配合比、原材料和外加剂掺量不合理造成的。

配合比设计时胶凝材料用量过少，或用水量过低，导致不满足泵送混凝土的坍落度要求，同时和易性太差、保水差，产生离析，使混凝土的可泵性差。

选用混凝土粗细骨料时，选用的砂石级配不合理，孔隙率大，出现离析泌水。导致混凝土不合格，无法泵送。因此在设计配合比的时候，既要降低成本，又要保证混凝土的工作性好，就要重点关注砂石的合理级配。粗细骨料级配合理，孔隙率低，水泥用量少，就能够既保证混凝土强度，又合理节约混凝土成本。

某工程使用泵送混凝土浇筑基础，它的入泵坍落度为 220mm，扩展度为420mm，配合比设计时选用的是水洗砂，但是由于水洗砂供应跟不上，拌合站工作人员在没有与试验员和现场工作人员沟通的情况下，直接使用了粒型差的机制砂，导致泵送时混凝土出现堵管（见图 4-13），这就是砂的颗粒级配不合理造成的施工质量问题。

图 4-13 泵送混凝土堵管

当混凝土中外加剂的掺量过高时，混凝土容易出现离析泌水。当外加剂泌水率过高时，会造成混凝土的保水性能、增稠性能和引气效果比较差，从而造成混凝土可泵性差。

4.3.4 混凝土离析泌水

混凝土离析泌水在混凝土施工中很常见，影响了混凝土结构的强度，主要有原材料、配合比和生产运输 3 方面的原因。

4.3.4.1 原材料

现在大的正规水泥厂厂家供应的水泥都是属于细度比较小、标准稠度用水量比较大的水泥，一般不存在因水泥问题引起的混凝土泌水离析的现象。但当使用的水泥细度大，标准稠度用水量小而施工单位习惯了用细度小、标准稠度用水量大的水泥来设计混凝土配合比时，确定的外加剂掺量往往比实际需要的用量大，这就容易造成混凝土的离析泌水。

4.3.4.2 配合比

工程中在设计配合比时，经常会有一个误区，对低等级混凝土的水胶比设计得特别大，而对高等级的混凝土水胶比设计得比较小，也就是用水量控制不当，造成离析和泌水。另外设计配合比时为了节约材料，降低成本，往往有意使胶凝材料的用量偏少，甚至低于正常的范围，水泥浆对骨料的包裹性就很差，因而产生离析泌水。

砂率偏低也会导致混凝土离析泌水。在浇筑一些重要构件的时候，有时候为了防止混凝土开裂，人为地把砂率压得很低，超出了正常的设计配合比的范围，混凝土也容易离析泌水。

4.3.4.3 生产运输

运输车搅拌性能不好，是造成混凝土离析泌水的原因之一。现在工程项目中用的运输车基本用大方量的多，在正常运输量情况下没有问题，但是在最后收尾时，只剩下少量混凝土，若仍然使用大方量运输车，粗骨料在运输过程中下沉，就容易发生离析。这种情况下，搅拌站应做好协调指挥工作，最后一车改用小方量运输车，确保混凝土的和易性，避免发生离析。

从图 4-14（a）中可以看出，中间部分就是发生离析后，都是砂浆，没有粗骨料。图 4-14（b）是在质量检测不达标的情况下，凿开混凝土面，看到只有砂浆，没有粗骨料的情况，原因就是浇筑时发生了离析。

4.3.5 混凝土凝结时间异常

混凝土在凝结时有 3 种异常现象，分别是速凝、假凝和缓凝，造成该现象的原因也是多方面的，主要是原材料和生产运输方面的原因。

4.3.5.1 原材料

水泥中采用硬石膏、浮石膏或天然淡水石膏代替二水石膏，水泥的二水石膏脱水成了淡水石膏或者无水石膏，使用早强型水泥或者砂石料中含泥量较高，吸附外加剂等都是导致混凝土产生速凝和假凝的原因，另外外加剂中缓凝成分不足或者萘系减水剂和聚羧酸类减水剂混合使用，也会导致速凝和假凝。

水泥性能波动不稳定、外加剂的配方不合理、粉煤灰使用过量，使用了脱硝

(a)   (b)

图 4-14　混凝土离析造成的质量问题

粉煤灰，都会导致混凝土凝结时间过长，造成缓凝。因此，在原材料进场时，一定要注意各项指标合格才能使用。

　　某工程泵送混凝土，浇筑 36h 后达到了拆模的时间，拆模后发现混凝土没有凝结，取样的试块也没有凝结，如图 4-15 所示，构件和试块的混凝土同步出现了凝结时间异常。经分析，原来是粉煤灰入库时，材料员不在，驾驶员在没有通知材料员的情况下，私自将剩余的粉煤灰打到了水泥罐中，使得粉煤灰使用量超过设计用量，导致了混凝土缓凝的发生。

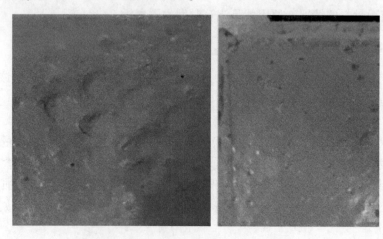

图 4-15　混凝土拆模后未正常凝结

4.3.5.2 生产运输

当环境温度高于 35℃，或者混凝土入机温度高于 35℃时，水泥水化变快，混凝土凝结进程变快。另外使用热水进行拌和，或者投料顺序错误，热水直接和水泥接触，让水泥直接快速地进行早期水化，混凝土会出现速凝和假凝现象。

另外在生产和运输过程中，计量设备往往长时间不进行校准，计量误差太大，出现外加剂过掺；或者操作失误，误将粉煤灰或者矿粉吹到了水泥桶罐里，又或是气温骤降导致水泥水化的速度减慢，外加剂配方又没有进行调整，导致凝结时间过长，造成了缓凝。

4.3.6 混凝土拌合物工作性能不良

在施工现场一旦发现混凝土拌合物工作性能不良，要及时进行退货报废或者降级处理。对已浇混凝土及时进行返工处理，如果已浇筑混凝土还没有凝结硬化，应及时把混凝土给清理冲洗干净，越快处理损失越小。

应加强对商品混凝土厂家的监督和协调，确保商品混凝土原材料合格。加强原材料的进场检验，尤其是水泥温度，外加剂和水泥的适应性，砂石级配、含泥量、含水率，拌合站现场应该有完整的记录表，并要求专人进行监测和记录，满足要求的原材料方可使用。

现场加强坍落度检测，每罐混凝土应进行坍落度检测。混凝土入模前，应满足设计配合比所规定的坍落度。现场拌制混凝土时严格按照试验室配合比进行混凝土拌制，计量准确。混凝土搅拌必须严格控制投料顺序和搅拌时间。

混凝土场外运输宜采用搅拌运输车，装载混凝土后拌筒保持 3~6r/min 的慢转速，运输、输送、浇筑过程中严禁加水，中途加水将导致混凝土水胶比变大，影响混凝土性能，尤其是混凝土后期强度很有可能因为加水导致水胶比变大，强度明显降低。混凝土运输、浇筑及间歇的全部时间不应超过混凝土的初凝时间。

4.4 混凝土外观质量通病及防治

《混凝土结构工程施工质量验收规范》（GB 50204—2015）和《公路桥涵施工技术规范》（JTG/T F50—2020）规定，混凝土结构外观质量总体要求是同一或相邻结构物表面、纹理和颜色均匀一致；内外轮廓线顺滑清晰；结构物外露的表面平整，无蜂窝、麻面、露筋、孔洞、夹渣、疏松、缺棱掉角和裂缝现象。分段浇筑时，段与段之间没有错台；构件表面没有掉皮、起砂和玷污等。影响混凝土外观质量的因素是多方面的，包括外观设计、原材料、配合比、浇筑、养护和模板等，混凝土外观质量的影响因素如图 4-16 所示。

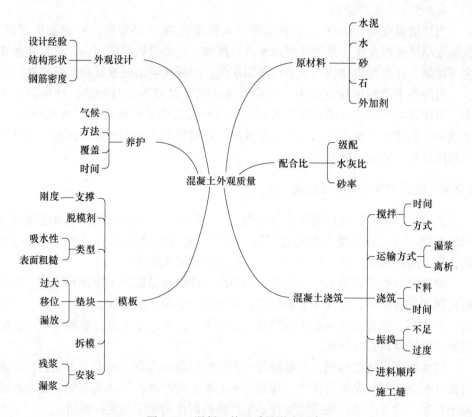

图 4-16 混凝土外观质量影响因素

4.4.1 露筋

露筋是指钢筋混凝土结构内的主筋、副筋或箍筋等露在混凝土表面或在混凝土孔洞中露出钢筋的缺陷。露筋属于严重的质量事故，如图 4-17 所示。

图 4-17 混凝土构件露筋

露筋通常是由于浇筑混凝土时，钢筋保护层垫块移位、垫块太少或漏放，致使钢筋紧贴模板形成外露；或结构构件截面小，钢筋过密，石子卡在钢筋上，使水泥砂浆不能充满钢筋周围，造成露筋。混凝土配合比不当，产生离析，靠模板部位缺浆，结构模板拼缝不严模板漏浆也会造成露筋；混凝土保护层太薄或保护层处混凝土漏振或振捣不实，振捣棒撞击钢筋或施工人员踩踏钢筋，使钢筋翘曲变形移位，造成露筋。使用木模板时未浇水湿润，吸水黏结或脱模过早，拆模时缺棱、掉角，都会导致漏筋。

露筋的预防措施如下：

（1）灌注混凝土前，检查钢筋位置和保护层厚度是否准确。预埋管优化布置减少叠加，板内叠加严禁超过 2 层。

（2）为保证混凝土保护层的厚度，要注意固定好垫块。优先选用带扎丝预制垫块，板钢筋垫块距离梁边不大于 500mm，中间间隔 1m 梅花形布置。梁、柱钢筋垫块应绑扎在箍筋上。

（3）钢筋较密集时，选配适当的石子，在配合比合格的前提下，保证混凝土有良好的和易性。石子最大颗粒尺寸不得超过结构截面最小尺寸的 1/4，同时不得大于钢筋净距的 3/4。结构截面较小、钢筋较密时，可用细石混凝土灌注。

（4）为防止钢筋移位，严禁振捣棒撞击钢筋。对钢筋密集区域应预先优化钢筋排布，便于混凝土下料及振捣，必要时与设计院协商确定。在钢筋密集处，可采用带刀片的振捣棒进行振捣。保护层混凝土要振捣密实。灌注混凝土前用清水将木模板充分湿润，并认真堵好缝隙。模板拼缝处应采用硬拼缝且合缝严密。墙、柱模板根部应用砂浆找平封堵。

（5）浇筑高度超过 2m，应用串筒或溜槽进行下料，以防止离析。

（6）现浇板混凝土浇筑应严格控制上表面标高，浇筑混凝土时应设置马道，严禁操作人员踩压钢筋。泵管不得直接支撑在钢筋、模板及预埋件上，应采用支架、台垫、吊具固定。操作时不得踩压钢筋，如钢筋有踩弯或脱扣者，及时调直，补扣绑好。

（7）拆模时间要根据试块试验结果确定，防止过早拆模，碰坏棱角[8]。

表面露筋的治理方法为：将外露钢筋上的混凝土残渣和铁锈清理干净，用水冲洗湿润，再用 1∶2 或 1∶2.5 的水泥砂浆抹压平整，如露筋较深，将薄弱混凝土剔除、突出集料颗粒，冲刷干净湿润后，用比原强度高一强度等级的细石混凝土填塞并捣实，认真养护。

4.4.2　蜂窝

混凝土表面石子外露，空腔密集连通，形成蜂窝状结构气泡，为混凝土表面气体或水分聚集，形成密集或单独存在的较小空腔，称为蜂窝。蜂窝是混凝土结构局部疏松，砂浆少、石子多，石子之间出现类似蜂窝状的大量孔隙、窟窿，使结构受力截面受到削弱，强度和耐久性降低，如图 4-18 所示。

图 4-18　混凝土结构蜂窝

4.4.2.1　产生原因

混凝土结构产生蜂窝的原因主要有：混凝土配合比不当，或集料、水泥材料计量错误，加水量不准确，造成砂浆少、石子多的现象；混凝土搅拌时间不足，未拌和均匀，和易性差，振捣不密实；混凝土下料不当，一次下料过多或过高，未设串筒，使集料集中，造成集料与砂浆离析；混凝土为分段分层下料，振捣不实或接近模板处漏振，或使用干硬性混凝土，振捣时间不够；下料与振捣未很好配合，未及时振捣就下料，因漏振而造成蜂窝。

另外模板拼缝未堵严，振捣时水泥砂浆大量流失；模板未支牢，振捣混凝土时模板松动或位移，或振捣过度造成严重漏浆；结构构件截面小，钢筋较密，使用的集料粒径过大或坍落度过小，混凝土被卡住，造成振捣不实；采用干硬性混凝土而又振捣不足，基础、墩柱根部未稍加间歇就继续浇筑上层混凝土都会造成混凝土表面形成蜂窝。

4.4.2.2　预防措施

避免混凝土结构产生蜂窝的预防措施如下：

(1) 认真设计、严格控制混凝土配合比，根据钢筋间隙控制粗集料最大粒径，经常检查配料是否准确，做到计量准确，混凝土拌和均匀，坍落度适合。

(2) 混凝土倾落下料高度不大于 2m，浇筑高度超过 3m 时，采用长软管或串筒溜槽等方法。

(3) 浇筑混凝土应分层下料，分层振捣，防止漏振，浇筑层的厚度不得超过表 4-11 的数值。

表 4-11 混凝土浇筑层的厚度

序号	捣实混凝土的方法		浇筑层的厚度/mm
1	插入式振捣		振捣器作用半径的 1.25 倍
2	表面振捣		200
3	人工振捣	基础、无筋或配筋稀疏的结构	250
		梁、板、墙、柱结构	200
		配筋密集的结构	150
4	轻集料混凝土	插入式振捣	300
		表面振捣（振动时需加荷）	200

（4）模板缝应堵塞严密，浇筑中应随时检查模板支撑情况以防漏浆。

（5）混凝土浇筑宜采用带浆下料法或赶浆捣固法。混凝土坍落度不宜过小，且分层下料振捣密实；对钢筋密集区域应预先优化排布，便于混凝土下料及振捣；严禁集中下料赶浆施工；捣实混凝土拌合物时，插入时振捣器移动间距不应大于其作用半径的 1.5 倍；振捣器至模板的距离不应大于振捣器有效作用半径的 1/2。为保证上下层混凝土良好结合，振捣棒应插入下层混凝土 5cm；平板振捣器在相邻两段之间应搭接振捣 3~5cm。

（6）混凝土每点的振捣时间，根据混凝土的坍落度和振捣有效作用半径确定，可参考表 4-12。结束振捣的标准是：振捣混凝土不再显著下沉、出现气泡，混凝土表面出浆呈水平状态，并将模板边角填满密实。

表 4-12 混凝土振捣时间与坍落度、振捣有效半径的关系

坍落度/mm	0~30	40~70	80~120	130~170	180~200	>200
振捣时间/s	22~28	17~22	13~17	10~13	7~10	5~7
振捣有效作用半径/cm	25	25~30	25~30	30~35	35~40	35~40

（7）模板拼缝应堵塞严密。浇筑混凝土过程中，安排专人看模，检查模板、支撑、拼缝情况，发现模板变形、漏浆，应及时修复。现浇板在墙柱根部宜采用长刮杠在平行于墙的方向刮平，控制模板根部间隙。

（8）基础、墩柱根部应在下部浇完后间歇 1~1.5h，沉实后再浇上部混凝土，避免出现"烂脖子"。

4.4.2.3 治理方法

混凝土结构出现小蜂窝，应按以下步骤处理：

（1）将修补部分的软弱部分凿去，用高压水及钢丝刷将基层冲刷干净。

（2）修补用的水泥应与原混凝土的一致，采用中粗砂。

（3）水泥砂浆的配合比为1∶2或1∶3，应搅拌均匀。

（4）按照抹灰的操作方法，用抹子将砂浆压入蜂窝内，刮平；在棱角部位用靠尺将棱角取直。

（5）修补完成后用草席或草帘进行保湿养护。

较大蜂窝的处理：应凿去蜂窝处薄弱松散部分及突出集料颗粒，用钢丝刷或压力水洗刷干净后，支模，用细石混凝土（比原强度等级高一级）仔细填塞捣实，修补完后同样用草帘等进行保湿养护。

较深蜂窝的处理：如清除困难，可预埋压浆管、排气管，表面抹掺有专用胶的砂浆或混凝土，封闭后，压水泥浆进行处理[7]。

4.4.3 孔洞

混凝土结构内部有尺寸较大的窟窿，局部或全部没有混凝土；蜂窝空隙特别大，钢筋局部或全部裸露；孔穴深度和长度均超过保护层厚度，称为孔洞。孔洞属于严重的质量事故。蜂窝现象较为严重时，就发展成孔洞，如图4-19所示。

图4-19 混凝土孔洞

4.4.3.1 产生原因

模板局部构造不合理、不牢固、局部变形，混凝土浇筑中形成孔洞；钢筋排布不合理，混凝土石子粒径与钢筋间距不匹配造成混凝土下料或振捣困难形成孔洞，如梁柱接头、挑梁根部、暗柱及暗埋件部位。在钢筋较密的部位或预留孔洞和埋设件处，混凝土下料被隔住，未振捣就继续浇筑上层混凝土，而在下部形成孔洞。当混凝土离析、砂浆分离，石子成堆，严重跑浆，又未进行振捣时，形成特大的蜂窝，进一步发展成孔洞。当混凝土一次下料过多、过厚或过高时，振捣器振捣不到，或者未按顺序振捣混凝土，产生漏振，进而形成了松散孔洞。

4.4.3.2 预防措施

混凝土孔洞的预防措施如下：

（1）模板应设计合理，确保模板体系有足够的强度、刚度和稳定性，浇筑过程中安排专人看模，发现模板变形，及时停止浇筑并采取可靠的封堵措施。在钢筋密集处及复杂部位，采用细石混凝土浇筑，使混凝土易于充满模板，并仔细振捣密实，必要时，辅以人工捣实。

（2）应优化钢筋排布，便于混凝土下料及振捣；预留孔洞、预埋铁件处应在两侧同时下料，下部浇筑应在侧面加开浇灌口下料；混凝土选用的石子粒径应与钢筋间距匹配，不易振捣部位可采用在侧模开振捣口、附着式振捣、钢钎插捣等辅助措施。振捣密实后再封好模板，继续往上浇筑，防止出现孔洞。

（3）采用正确的振捣方法、防止漏浆。混凝土坍落度不宜过小，保证混凝土有足够的流动性，混凝土分层振捣厚度不超过振动棒作用部分的1.25倍。插入式振捣器应采用垂直振捣方法，即振捣棒与混凝土表面垂直或呈40°~45°角斜向振捣。插点应均匀排列，也可采用行列式或交错式顺序移动，不应混用，以免漏振。每次移动间距不应大于振捣棒作用半径的1.5倍。一般振捣棒的作用半径为30~40cm。振捣棒操作时应快插慢拔。

（4）控制好下料，混凝土自由倾落高度不应大于2m（浇筑板时为1.0m），大于2m时应采用串筒或溜槽下落，以保证混凝土浇筑时不产生离析。

（5）砂石中混有黏土块，模板、工具等杂物掉入混凝土中，应及时清除干净。

（6）将孔洞周围的松散混凝土和软弱浆膜凿除，用压力水冲洗，刷涂界面剂后，用高强度细石混凝土仔细浇筑、捣实。

4.4.3.3 处理方法

混凝土孔洞的处理方法及步骤如下：

（1）将混凝土孔洞周围的疏混凝土及浆膜凿除，上部向外上斜，下部方正水平。

（2）用高压水及钢丝刷将基层冲洗干净。修补前用湿麻袋或湿棉纱头填满，使旧混凝土内表面充分湿润。

（3）水灰比可控制在0.5以内。

（4）修补用的水泥品种应与原混凝土的一致，细石混凝土强度等级应比原等级高一级。

（5）如条件许可，可用喷射混凝土修补。

（6）为减少新旧混凝土之间的孔隙，混凝土可加微量膨胀剂。

4.4.4 夹渣

混凝土中杂物深度或尺寸达到或超过保护层厚度形成结构缺陷，称为夹渣，如图 4-20 所示。

图 4-20 混凝土夹渣

4.4.4.1 产生原因

在实际施工中，墙、梁、柱与板接缝处经常出现夹渣现象。原因是混凝土浇筑前没有认真处理和清理施工缝上表面存留的木渣、锯末、聚苯颗粒及其他杂物等。模板加工尺寸及安装位置不准，变形移位嵌入混凝土构件，封模板前模板内杂物未清理干净，混凝土拌制、运输和浇筑过程中意外掉入的杂物未清理，或混凝土养护过程中嵌入杂物都是形成夹渣的主要原因[8]。

4.4.4.2 预防措施

混凝土夹渣的预防措施如下：

（1）模板加工尺寸准确，安装正确。模板拆除时应将夹在混凝土中的板材一并清理干净。

（2）模板验收前应检查清理模板内，梁、板中的杂物采用人工清理后用水冲洗至柱内根部或采用吸尘器清理，柱或短肢墙根部模板开清渣口用水冲洗。

（3）混凝土在拌制、运输和浇筑过程中如发现杂物掉落混凝土表面，应暂停施工并及时清理。

（4）混凝土养护时先采用薄膜覆盖后覆盖棉毡，终凝前不得踩踏。

（5）施工缝在施工前，应先将施工缝处残留的松散混凝土凿掉，冲洗干净，保持湿润，然后用同等级的水泥浆刷面再浇筑混凝土。

（6）监理在签署混凝土浇灌许可证前，必须做全面的检查。

4.4.4.3 治理方法

当表面夹渣缝隙较小时，可用清水冲洗干净，经质检认可后用混凝土原浆抹平。对夹渣较大且明显的部位要进行剔凿，将杂物等清除干净，处理时采用提高一级强度等级的水泥砂浆或豆石混凝土进行修补，并认真养护。

浇筑前认真清理施工缝表面存留的木渣、锯末等一切杂物，用水冲洗干净，浇筑混凝土时先铺撒 10~15mm 厚等同混凝土强度同水泥品种的水泥砂浆，然后进行混凝土浇筑。对主要部位要进行二次振捣，提高接缝处的强度、密实度，再进行下一步混凝土浇筑[6]。

4.4.5 疏松

混凝土结构、构件浇筑脱模后，表面出现疏松、剥落等情况，表面强度比内部要低很多，如图 4-21 所示。

图 4-21　混凝土疏松

4.4.5.1　产生原因

混凝土表面疏松的原因如下：

（1）木模板未浇水湿透或湿润不够，混凝土表层水泥水化需要的水分被吸去，造成混凝土脱水疏松、脱落。

（2）钢筋密集、混凝土下料或操作不当，导致浆料分离，形成石子堆积疏松层。

（3）混凝土初凝前受雨水冲刷混凝土水泥浆流失，造成混凝土强度偏低。

（4）炎热刮风天气浇筑混凝土，脱模后未适当浇水养护，造成混凝土表层快速脱水产生疏松。

（5）冬期低温浇筑混凝土，未采取保温措施，结构混凝土表面受冻，造成疏松、剥落。或冬期施工气温骤降，初凝前混凝土强度低于混凝土抗冻临界强度，导致混凝土冻胀破坏，回温后冰晶溶解形成疏松。

4.4.5.2　防治措施

混凝土表面疏松的防治措施如下：

（1）木模板在混凝土浇筑前应湿透；炎热季节浇筑混凝土后应适当护盖浇水养护。

（2）冬期低温浇筑混凝土应注意天气变化情况，气温骤降时应加强保温措施保温防冻和温控检测，适当延长保温时间。

（3）混凝土浇筑尽量避免雨天施工，如遇雨天应采取防止雨水冲刷措施。

（4）对钢筋密集部位预先优化排布。控制好下料高度，及时振捣，避免造成混凝土浆料分离。

（5）表面较浅的疏松脱落，可将疏松部分凿去，洗刷干净，充分湿润后，用1:2或1:2.5水泥砂浆抹平压实；较深的疏松脱落，可将疏松和突出颗粒凿去，刷洗干净充分湿润后，支模用比结构高一强度等级的细石混凝土浇筑，强力捣实，并加强养护[7]。

4.4.6 缺棱掉角

缺棱掉角是模板拆除后混凝土结构或构件边角处局部掉落，不规则棱角有缺陷的现象，如图4-22所示。

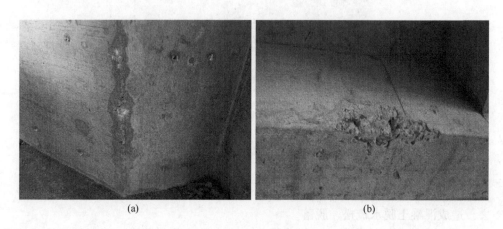

(a)　　　　　　　　　　　　　　　(b)

图4-22　混凝土缺棱掉角
(a) 墙面缺棱掉角；(b) 梁缺棱掉角

4.4.6.1 产生原因

混凝土结构出现缺棱掉角是由于木模板未充分浇水湿润或湿润不够，混凝土浇筑后养护不好，造成脱水，强度低，或模板吸水膨胀将边角拉裂，拆模时，棱角被粘掉；常温施工时，过早拆除承重模板；拆模时受外力作用或重物撞击，或保护不好，棱角被碰掉；冬季施工时，混凝土局部受冻；低温施工过早拆除侧面非承重模板；模板未涂刷隔离剂，或涂刷不均，都是造成混凝土表面缺棱掉角的原因。

4.4.6.2 预防措施

混凝土结构缺棱掉角的预防措施如下：

（1）木模板在浇筑混凝土前应充分湿润，混凝土浇筑后应认真浇水养护，拆除侧面非承重模板和钢筋混凝土结构承重模板时，混凝土应具有 1.2MPa 以上的强度，表面及棱角才不会受到损坏。

（2）拆模时，注意保护棱角，避免用力过猛过急；吊运模板，防止撞击棱角；运输时，将成品棱角用草袋、木板等保护好，以免碰损。

（3）加强成品保护，对于处在人多、运料等通道处的混凝土棱角，拆模后要用槽钢等将棱角保护好，以免碰损。

（4）冬季混凝土浇筑完毕，做好覆盖保温工作，加强测温，及时采取措施，防止受冻。

4.4.6.3 治理方法

缺棱掉角较小时，将该处用钢丝刷刷净并充分湿润后，用 1:2 或 1:2.5 的水泥砂浆抹补齐整。可将不实的混凝土和突出的集料颗粒凿除，用水冲刷干净湿润，然后用比原混凝土高一强度等级的细石混凝土补好，认真养护。

4.4.7 麻面

麻面是在混凝土局部表面上呈现出密集的不规则的小凹点，但无钢筋外露的现象。小凹点的直径通常不大于 5mm，如图 4-23 所示。

4.4.7.1 产生原因

混凝土结构表面形成麻面的原因主要是模板表面粗糙或黏附水泥浆渣等杂物，未清理干净，拆模时混凝土表面被粘坏；模板未浇水湿润或湿润不够，构件表面混凝土的水分被吸去，使混凝土失水过多出现麻面；涂在钢模板上的油质脱模剂过厚，液体残留在模板上；施工时使用旧模板，板面残浆未清理，或清理不彻底；模板拼缝不严，局部漏浆；模板隔离剂涂刷不匀，未达到隔离效果，拆模时混凝土表面水泥浆大面积剥离，或局部漏刷或失效。混凝土表面与模板黏结造成麻面，还

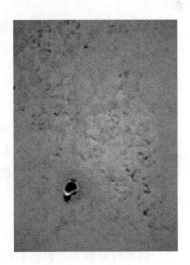

图 4-23 混凝土结构麻面

有混凝土振捣不实，气泡未排出，停在模板表面形成麻点。现浇板表面密实度不足、浇水养护过早、收面粗糙、表面冻害等原因形成起砂、起皮。

从实际工程检测结果统计数字来看，大部分具有麻面的混凝土结构强度是不够的，需要进行处理。

4.4.7.2 预防措施

混凝土结构出现麻面的预防措施如下：

（1）根据模板类型选择相适用的隔离剂，模板涂刷隔离剂前模板表面应清理干净，不得粘有干硬水泥砂浆等杂物，并涂刷均匀，不得漏刷。

（2）浇筑混凝土前，木模板应浇水充分湿润，模板缝隙，应用不干胶、油毡纸、腻子等堵严。

（3）混凝土应分层均匀振捣密实，至排除气泡为止。

（4）控制拆模时间，侧模拆除时的混凝土强度应能保证其表面及棱角不受损伤，底模拆除时的混凝土强度应符合规范要求。

（5）模板表面应平整并具有足够的强度，多次使用的模板表面不平或破损部位应修复或更换。

（6）混凝土浇筑时应振捣密实并二次抹面，控制好浇水养护时间，硅酸盐水泥、普通硅酸盐水泥配制的混凝土养护不少于 7d，采用缓凝型外加剂、后浇带混凝土养护时间不应少于 14d[7]。

4.4.7.3 治理方法

混凝土表面的麻面，对结构无大影响，通常不做处理。如需处理，方法如下：

（1）用稀草酸溶液将该脱模剂油点或污点用毛刷洗净，修补前用水湿透。

（2）修补用的水泥品种必须与原混凝土一致，采用细砂，粒径最大不宜超过 1mm。

（3）水泥砂浆配合比为 1：2~1：2.5，由于数量不多，可用人工在小灰桶中拌匀，随拌随用。

（4）按照漆工刮腻子的方法，将砂浆用刮刀压入麻点内，随即刮平。

（5）修补完成后，即用草帘或草席进行保湿养护。

（6）表面做粉刷的可不修补。

4.4.8 起砂

混凝土表面的砂可扫下来，一段时间后骨料外露的现象称为起砂，如图 4-24 所示。

4.4.8.1 产生原因

混凝土表面起砂的原因如下：

（1）水泥用量少、细骨料级配不良、采用细砂、收水时拍抹过量等都会造成混凝土表面起砂。

（2）混凝土未初凝即遇下雨造成水泥浆流

图 4-24 混凝土起砂

失，留下的砂粒多易起砂。

（3）养护不当。水泥与水拌和后即开始产生水化作用，并经过初凝和终凝进入硬化阶段。水泥的水化是一个漫长的过程，随着时间的延长不断向水泥颗粒内部深入进行，强度随着水化的深入而不断提高。但是，水泥的水化作用必须在湿润的环境下才能正常进行，因此，如果保湿养护不及时或时间不够，在干燥环境中混凝土的水分将迅速蒸发，水泥的水化作用就会受到影响，严重时甚至停止水化，导致表面强度的大幅度降低，抗耐磨性差。但是，保湿养护也不能过早，在混凝土较"嫩"时浇水会导致大面积脱皮，砂粒外露，使用后起砂。

（4）混凝土产生泌水现象，使混凝土表面形成含水量大的砂浆层，而且未得到及时合理的处理，硬化后强度低，完工后一经走动就出现起砂现象。

（5）混凝土面层未达到足够的强度就上人走动、推车等，造成起砂。

4.4.8.2 预防措施

混凝土表面起砂的预防措施如下：

（1）对于混凝土表面观感要求较高的部位，在混凝土浇筑后抹面时，可均匀地撒一薄层硬化剂再抹光，应进行 2~3 遍收面，并准确掌握最后一次压实抹光时机，在初凝前适时收光，不宜过早或过迟。

（2）严格控制砂的质量，不用细砂。在满足施工要求的前提下，混凝土坍落度要尽量小。混凝土浇筑后要加强养护工作，应有专人负责。

（3）炎热的夏季施工时，应尽量选择夜间浇筑混凝土，或有防止太阳直接暴晒新浇混凝土的防护措施。冬期低温浇筑混凝土时，应有保温措施，确保不使混凝土早期遭受冻害。大风天气浇筑混凝土时，应及时覆盖，避免混凝土拌合水快速损失。要有防雨措施，避免混凝土浇筑时，终凝前表面遭雨淋水冲。

（4）混凝土振捣时间不宜过长，在浇筑路面、地面、楼板的过程中，不应集中布料，不宜用插入式振捣棒赶料，高出的部分用铁耙摊平，接着进行"梅花式"振捣，振捣棒插入的点与点之间，应相距 300~400mm，振捣时间不宜超过15s，以观察粗骨料均布为基准。

（5）混凝土浇筑后如果出现泌水，可在收面时用海绵吸水，并采用 1:2.5 的水泥砂浆抹平压实，不宜直接撒干水泥收面。

（6）混凝土面层未达到足够的强度不得上人走动或进行下一道工序的施工。

4.4.8.3 治理方法

混凝土表面起砂的治理方法如下：

（1）对于小面积且较浅不严重的起砂，可将起砂部分水磨至露出坚硬的表面，也可用水泥净浆罩面的方法进行修补。

（2）对于大面积的起砂，用钢丝刷将起砂部分的浮砂清除掉，并用水冲洗干净，采用 108 胶水泥修补，108 胶的掺量应控制在水泥质量的 20% 左右（108 胶不宜在低温环境下施工），涂抹后按水泥地面的养护方法进行养护。

（3）对于较严重的疏松脱落和起砂，应将面层全部剔除掉，用清水洗刷干净充分湿润后，先用水灰比为 0.4~0.5 的水泥净浆刷底，然后再用 1：2 或 1：2.5 的水泥砂浆抹平压实。当剔除较深时，可用比结构高一强度等级的细石混凝土浇筑，并认真做好压光和养护工作。

4.5 混凝土实体质量通病

4.5.1 后浇带混凝土不密实

后浇带在接茬部位出现混凝土疏松、夹渣、接缝不严密的现象，如图 4-25 所示。

4.5.1.1 产生原因

施工时后浇带两侧钢丝网封堵不严密或模板支设不牢靠，浇捣混凝土时流浆进入后浇带；后浇带浇筑时上部未覆盖保护，内部垃圾难以清理；后浇带两侧混凝土不平，接茬处混凝土剔除清理不到位，夹渣，接线不密实等是造成后浇带混凝土不密实的主要原因。

4.5.1.2 防治措施

后浇带混凝土不密实的防治措施如下：

（1）后浇带两侧模板支设应牢固，拼接严密。后浇带的连接形式必须按照施工图设计进行，支模必须用堵头板或钢筋网，接缝、接口形式在板上装凸条。采用双层钢丝网代替模板时，内侧固定两层

图 4-25　后浇带接缝不严密

钢丝网，外侧用扎丝与钢筋固定牢固，避免振捣混凝土时跑浆。混凝土浇捣前，用模板将后浇带上口盖严，以防浇捣时掉落混凝土污染后浇带内梁板钢筋。

（2）后浇带模板应与所在开间模板一次支设，相对独立。及时覆盖保护，防止杂物落入后浇带。

（3）后浇带支模应牢固、平整，确保界面规整。后浇带混凝土浇筑前，对缝内要认真清理、剔凿松动部分和浮浆，并冲水清理干净，使界面规整坚实。移位的钢筋要复位，混凝土一定要振捣密实。

在实际施工中，后浇带的两边的模板很重要，不能顺便拆除；后浇带上下均要采用特殊措施，防止杂物进入；后浇带浇筑前要清除杂物和对钢筋进行除锈处理并满足设计的特殊要求。

需要特别注意的是，地下室后浇带是最容易被忽视且最容易出问题的地方，特别是管理不善的施工单位，后浇带往往因不易被发现、不易被检查到而成为遗留质量问题的地方。如果施工阶段下雨之后，雨水流入地下室后浇带，钢筋被长时间浸泡造成锈蚀，必须报废，重新施工，这将严重影响施工进度，因此施工时应特别关注地下室后浇带混凝土的浇筑质量。

4.5.2 结构面收面粗糙

施工中由于技术人员技术交底不清，检查不到位，工人工程质量意识淡薄，未按要求进行收面，从而造成结构面粗糙，如图 4-26 所示。

图 4-26 混凝土结构面收面粗糙

预防混凝土结构面收面粗糙的措施应充分考虑混凝土浇筑后必要的技术间歇时间，以便于成品保护。浇筑时合理安排作业面，保证在混凝土初凝前完成振捣、找平和初次收面。混凝土在不同温度下的初凝时间见表 4-13。

表 4-13 混凝土初凝时间表 （min）

混凝土强度等级	时 间	
	不高于 25℃	高于 25℃
≤C30	210	180
>C30	180	150

混凝土找平后用木抹子压一遍，同时将局部不平整的地方修复，二次收面后应立即进行覆盖保温、保湿养护。

如果混凝土中加入了缓凝剂等外加剂，就不能按照上表规定的时间来控制初凝和收面的时间，应该通过试验来确定混凝土的初凝时间。另外从混凝土成型到初凝期间，粗细骨料等固体颗粒在重力作用下往下沉，水分往上升，在混凝土表面会形成积水。另外混凝土凝固过程中会产生一定程度的收缩、沉降，若达到初凝状态，工作人员可使用磨光机进行机械收面，使混凝土表面达到平整、没有砂眼。表面压光后，再用专用的工具将混凝土进行拉毛，这样可以使混凝土的表面组织重新进行排列，消除表面的积水和干缩，增加混凝土的密实度。

4.5.3 施工缝处理不当

现场施工中施工缝处理措施不当，会影响后续施工。施工缝主要是指钢筋混凝土竖向构件的水平施工缝，根据其留置部位分为有防水要求的施工缝和无防水要求的施工缝。有防水要求的施工缝主要指地下室外墙上留置的施工缝，无防水要求的施工缝包括地下室内墙柱水平施工缝，其留置位置为每层楼板板面处。

施工缝留置不当的原因主要有：施工方案不合理，技术人员在施工交底时没交代清楚，在浇筑混凝土之前检查不到位；对施工缝的留置不重视，事前准备工作不到位；另外再次浇筑混凝土时对接茬部位没有进行彻底清理。

4.5.3.1 施工缝的留置位置

施工缝应设置在结构受剪力较小的位置，和便于施工的部位，一般应垂直于结构的纵轴线，要避开结构的薄弱环节，考虑施工的简便易行且应符合下列规定。

（1）柱应留水平缝，梁、板、墙应留垂直缝。

（2）施工缝应留置在基础的顶面、梁或吊车梁牛腿的下面、吊车梁的上面、无梁楼板柱帽的下面。

（3）和楼板连成整体的大断面梁，施工缝应留置在板底面以下 20～30mm 处。当板下有梁托时，留置在梁托下部。

（4）对于长宽比大于 2：1 的单向板，施工缝应留置在平行于板的短边的任何位置，同时施工缝应垂直留置，不能做成斜槎。

（5）有主次梁的楼板，宜顺着次梁方向浇筑，施工缝应留置在次梁跨度中间 1/3 的范围内。

（6）墙上的施工缝应留置在门洞口过梁跨中 1/3 范围内，也可留在纵横墙的交接处。

（7）楼梯上的施工缝应留在踏步板的 1/3 处。楼梯的混凝土宜连续浇筑。若为多层楼梯，且上一层为现浇楼板而又未浇筑时，可留置施工缝；应留置在楼梯段中间的 1/3 部位，但要注意接缝面应斜向垂直于楼梯轴线方向。

（8）水池池壁的施工缝宜留在高出底板表面 200～500mm 的竖壁上。

（9）对于双向受力楼板、大体积混凝土、拱、壳、仓、设备基础、多层钢架及其他复杂结构，施工缝位置应按设计要求留设。

4.5.3.2 施工缝处理方法

施工缝的处理方法可参考下面的操作进行。

（1）有防水要求的水平施工缝处理方法：

1）根据设计图纸，在施工缝中间沿结构周围设置一条 400mm×3mm 的封闭钢板止水带。止水带钢板选用 A3 钢，每段长 6m，两段止水带搭接长度 100mm，沿竖向满焊，焊缝不得有气孔、夹渣现象，保证密实不漏水。

2）钢板止水带在墙中每隔 2m 用 φ25mm 钢筋焊接支架，固定牢固，并且保证位置准确。

3）每层 500mm 高的短墙与下部结构混凝土同时浇筑，注意控制混凝土浇筑标高至板面上 500mm 处，不得偏高或偏低。

4）浇筑上层混凝土前应将结合处已有混凝土面清理干净，剔除表面浮浆及松动石子等杂物，钢板止水带表面也应清理干净，并用清水冲洗。在外防水施工时应对施工缝处采取加强措施，如加做一层加强层等。

5）在浇筑上部结构混凝土时，将接槎面用水充分润湿，并且要求在混凝土施工前在接槎面上先浇筑一层 50mm 厚与结构混凝土同配比的水泥砂浆，以保证新旧混凝土的有效结合。

（2）无防水要求的水平施工缝处理方法：

1）先清洗干净新旧混凝土接槎处的凿毛面的残渣，并用压力水冲洗干净充分湿润，残留在混凝土表面的积水予以清除；将钢筋上的油污、水泥砂浆及浮锈等清除；采用塔吊运输浇筑与新浇筑混凝土同配比的水泥砂浆 30~50mm 厚，然后浇筑新混凝土。

2）为方便施工，无防水要求的竖向结构的水平施工缝一般留置在梁板顶面，板下侧部分的尽量一次浇筑完成，浇筑时注意不同强度等级混凝土浇筑时的先后顺序。在浇筑混凝土前，先在施工缝面涂刷专用混凝土界面剂。

4.5.4 梁柱节点高低标号混凝土分割不清

由于施工时梁柱节点处混凝土等级分隔不清，或隔离钢丝网加固不牢固，部分柱梁节点出现低等级混凝土浇至高等级区域，柱头出现"软夹层"现象，存在质量隐患，如图 4-27 所示。主要是工程技术人员交底不清，检查不到位造成的。

预防梁柱混凝土节点高低标号混凝土分割不清的情况出现，要编制专项施工方案，并向作业人员进行技术交底。严格控制混凝土的浇筑时间，防止冷缝出现，防止低标号混凝土流入高标号区域。离开柱身 30cm 处，在梁内埋设双层 20 目隔离钢丝网并加固牢固，高等级混凝土应堆至板面，允许高标号混凝土流入低标号区域，不允许低标号混凝土流入高标号区域。另外要严格控制混凝土的浇筑时间，防止冷缝的出现。

图 4-27 梁柱混凝土节点高低标号混凝土分割不清

4.5.5 柱脚烂根

　　施工现场经常出现柱脚烂根现象，如图 4-28 所示。在施工现场，出现柱脚烂根问题主要是由于混凝土自由倾落高度超过 2m，致使混凝土出现离析，砂浆分离，石子成堆；或者混凝土一次下料过多，没有分段、分层浇筑，根部因振捣器振动作用有效半径不够；或者下料与振捣配合不好，没来得及振捣又下料或振捣不够，产生漏振。振捣混凝土时引发个别模板根部移位或模板距地面的缝隙没有堵严，导致跑浆；混凝土配合比中的砂子颗粒过细或含砂率较低，导致混凝土拌和后含不住浆，砂石与水进行沉淀分离，也是造成柱脚烂根的常见原因。

图 4-28 柱脚烂根

4.5.5.1 预防措施

柱脚烂根的预防措施如下：

（1）混凝土下料前，要在墙体根部均匀铺撒 10~15mm 厚等同混凝土强度、同水泥品种的水泥砂浆。自由倾落高度超过 2m 时，因墙体较薄而无法采取串筒、溜槽等措施下料时，混凝土浇筑要分层下料、分层振捣，第一步下料高度不得超过 40cm，以后每步下料高度不得超过 45cm。振捣混凝土时，插入式振捣棒移动间距不应大于其作用半径的 1.5 倍，振捣棒至模板的距离不应大于其有效作用半径的 1/2。对混凝土根部要进行二次振捣，提高接缝处的强度、密实度；再进行下一步混凝土浇筑。

（2）采用正确的振捣方法，振捣棒插点要按 40~50cm 等距离行列式顺序移动，不应乱插，以免漏振。振捣时要采取垂直振捣方法，即振捣棒与混凝土表面呈垂直状。如斜向振捣，振捣棒插入角度不能小于 45°。振捣时间可由下列现象判断：混凝土不再显著下沉，不再出现气泡，混凝土表面出浆呈水平状态，模板的边角也已填满充实并见到缝隙处已出灰浆。

（3）浇筑混凝土时，要经常观察模板、支架、缝、眼等情况，如有异常，立即停止浇筑，并在混凝土凝结前修整完好，严防漏浆。

（4）混凝土配合比应合理，水灰比不能过大，石子粒径要求在 30mm 以下，不要使用河流砂。

4.5.5.2 治理方法

烂根现象较轻时，可用清水冲洗干净，经质检人员认可后用其他部位使用的混凝土原浆抹平。对烂根较大的部位要将松动的石子和突出的颗粒进行剔凿，尽量剔成喇叭口，外边大一些，然后用清水冲洗干净，再用高一个强度等级的豆石混凝土或普通混凝土捣实并加强养护[6]。

4.5.6 混凝土墙面泛碱

混凝土中的主要成分是硅酸钙（弱酸强碱性盐），遇水后发生水化反应，形成游离钙、硅酸和氢氧根。混凝土的疏松多孔结构决定了混凝土有一定的含水量。当混凝土中的水足够多时，在毛细压作用下，水可以沿毛细孔上升到 10cm 左右，此时，混凝土中的盐分被水带出淤积于混凝土表面，同时混凝土中的氢氧化钙、钠、钾等物质也会以水为载体溶出。到达混凝土表面后，随着水分蒸发，这些物质残留在混凝土表面，形成白色粉末状晶体，或者与空气中二氧化碳反应在混凝土表面结晶形成白色硬块，即形成泛碱现象，如图 4-29 所示。

混凝土泛碱，混凝土中钙离子的流失伴随着氢氧根的流失，造成混凝土碱性降低，当混凝土 pH 值低于 12 时，混凝土中的钢筋开始锈蚀；pH 值越低，混凝土中钢筋锈蚀速度越快；泛碱的地方常常伴随着渗漏问题。

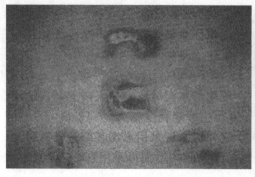

图 4-29 混凝土墙面泛碱

4.5.6.1 预防措施

混凝土墙面泛碱的预防措施如下：

（1）施工前准备。设计上应考虑消除泛碱，考虑好结构的防水处理，选择吸水率及其他物理性能符合要求的材料等。施工前要充分考虑可能发生泛碱的各施工工艺环节，提前做好预防措施，如无把握应先做样板。相关材料应先检验后使用，不但要求外观、尺寸合格，而且其物理性能指标也要合格。

（2）使用防碱背涂剂。墙面施工前应涂专用处理剂，该溶剂将渗入石材堵塞毛细管，使水、Ca(OH)$_2$、盐等其他物质无法侵入，切断了产生泛碱的途径。在墙面涂刷树脂胶，再贴化纤丝网格布，形成抗拉防水层，并且千万不要忘记在侧面做涂刷处理。

（3）减少 Ca(OH)$_2$、盐等物质生成。使用的水泥砂浆宜掺入减少剂，以减少 Ca(OH)$_2$ 的析出，粘贴法砂浆稠度宜为 6~8cm，灌浆法砂浆稠度宜为 8~12cm。室外墙面可采用水泥基商品胶黏剂（干混料），它具有良好的保水性，能大大减轻水泥凝结泌水。室内墙面可采用石材化学胶黏剂点粘。

（4）防止水的侵入。作业前不可大量对墙面淋水，地面墙根下应设置防潮层，卫生间、浴室等用水房间的外壁如有石材装饰，其内壁应需做防渗处理。室外施工搭设防雨篷，处理好门窗框周边与外墙的接缝，防止雨水渗漏入墙。

4.5.6.2 治理方法

混凝土墙面出现返碱，应先用干刷子用力刷除，再用水和刷子清洗，然后用高压水枪或者轻微喷砂后再次用水清洗，对于不溶于水的泛碱物质，可以用稀释后的弱酸清洗，例如：5%~10%的盐酸溶液；10%的磷酸溶液；5%的磷酸和乙酸混合溶液；使用酸溶液进行清洗的时候一定注意避免破坏整面墙壁的外观，因为酸对混凝土有一定的腐蚀作用。

为防止返碱现象再次发生，在将返碱部位清洗干净后，应该在外墙使用潮气屏障，如密封剂、涂料、渗透性差的防水涂料等；在内墙使用防水汽同时又具有单向可呼吸性的涂料[6]。

4.6 混凝土裂缝及防治

混凝土因其取材广泛、价格低廉、抗压强度高，且耐火性好的特点，已成为当今世界建筑结构中使用最为广泛的材料，但同时也存在抗拉能力差，容易开裂的缺点。有些裂缝在使用荷载或外界物理、化学因素的作用下还会不断产生和扩展，使构件强度和刚度受到削弱，耐久性降低，严重时甚至发生事故，危害结构的正常使用，必须加以控制。

混凝土建筑物通常都是带缝工作的，由于裂缝的存在和发展通常会使内部的钢筋等材料产生腐蚀，降低钢筋混凝土材料的承载能力、耐久性及抗渗能力，影响建筑物的外观、使用寿命，严重者将会威胁到人们的生命和财产安全，很多工程的失事都是由于裂缝的不稳定发展所致。近代科学研究和大量的混凝土工程实践证明，在混凝土工程中裂缝问题是不可避免的，在一定范围内也是可以接受的，只是要采取有效的措施将其危害程度控制在一定的范围之内。钢筋混凝土规范也明确规定：有些结构在所处的不同条件下，允许存在一定宽度的裂缝，但在施工中应尽量采取有效措施控制裂缝产生，使结构尽可能不出现裂缝或尽量减少裂缝的数量和宽度，尤其要尽量避免有害裂缝的产生，从而确保工程质量。因此，研究混凝土裂缝产生的原因和常见裂缝的预防措施显得尤为重要[12]。

混凝土结构裂缝的成因复杂而繁多，甚至多种因素相互影响，有变形引起的裂缝，如温度变化、收缩、膨胀、不均匀沉陷等原因引起的裂缝；有外荷载作用引起的裂缝；有养护环境不当和化学作用引起的裂缝等，但每一条裂缝均有其产生的一种或几种主要原因，在实际工程中要区别对待，根据实际情况解决问题。钢筋混凝土结构构件最大裂缝宽度允许值见表4-14[4]。

表 4-14　钢筋混凝土结构构件最大裂缝宽度允许值

类　别	结构构件所处条件	允许裂缝宽度/mm
因荷载变化要求控制的裂缝宽度	按裂缝出现设计（不允许出现裂缝的工程）	不允许
	烟囱、用于储存松散体的筒仓	0.2
	处于液体压力而无专门保护措施的结构构件	0.2
	处于正常条件的一般构件	0.3

类 别	结构构件所处条件	允许裂缝宽度/mm
因持久强度（钢筋不致受腐蚀条件）要求控制的裂缝宽度	严重侵蚀条件下，有防渗要求混凝土纯自防水，有防渗要求的地下、屋面工程，非高压水条件	0.1
	轻微侵蚀条件下，无防渗要求	0.2
	处于正常条件下的结构构件，无防渗要求	0.3

4.6.1 塑性收缩裂缝

塑性收缩裂缝多在新浇筑并暴露于空气中的结构、构件表面出现，且长短不一，互不连贯，类似于干燥的泥浆面，如图 4-30 所示。大多在混凝土初凝后（一般在浇筑后 4h 左右），外界气温高，风速大，气候很干燥的情况下出现。塑性裂缝若与内部温度裂缝叠加形成贯穿性裂缝，将严重影响结构性能和使用情况。

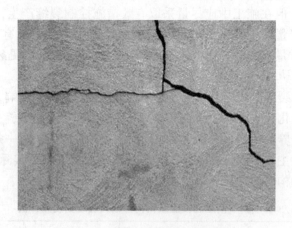

图 4-30 混凝土表面塑性收缩裂缝

4.6.1.1 产生原因

塑性收缩裂缝产生的主要原因有：

（1）混凝土浇筑后，表面没有及时覆盖，受风吹日晒，表面游离水分蒸发过快，产生急剧的体积收缩，而此时混凝土早期强度低，不能抵抗这种变形行为而导致开裂[12]。

（2）使用收缩率较大的水泥或水泥用量过多，或使用过量的粉砂所导致。

（3）混凝土水灰比过大，模板、垫层过于干燥，吸收水分太大等。

（4）浇筑在斜坡上的混凝土，由于重力作用向下流动产生裂纹。

4.6.1.2 预防措施

避免混凝土表面出现塑性收缩裂缝的预防措施如下：

（1）配制混凝土时，应严格控制水灰比和水泥用量，选择级配良好的砂，减小空隙率和砂率，同时要捣固密实，以减少收缩量，提高混凝土抗裂强度。

（2）配制混凝土前，将基层和模板浇水湿透，避免吸收混凝土中的水分，混凝土浇筑后，对裸露表面应及时用潮湿材料覆盖，认真养护，防止强风吹袭和烈日暴晒。

（3）在气温高、温度低或风速大的天气施工，混凝土浇筑后，应及早进行喷水养护，使其保持湿润；大面积混凝土宜浇完一段，养护一段。在炎热季节，要加强表面的抹压和养护工作。

4.6.2 张拉裂缝

4.6.2.1 产生原因

混凝土表面产生张拉裂缝的主要原因如下：

（1）预应力板类构件板面裂缝，主要是预应力筋放张后，因为肋的刚度差，产生反拱受拉，加上板面与纵肋收缩不一致，而在板面产生横向裂缝。

（2）板面四角斜裂缝是由于板端横肋对纵肋压缩变形的牵制作用，让板面产生空间挠曲，在四角区出现对角拉应力而产生裂缝。

（3）预应力大型屋面板端头裂缝是由于放张后，肋端头受到压缩变形，而且胎模阻止其变形（俗称卡模），导致板角受拉，横肋端部受剪，因而将横肋与纵肋交接处拉裂。此外，在纵肋端头部位，预应力筋产生的剪应力和放松引起的拉应力均为最大，因而因主拉应力较大引起斜向裂缝。

（4）预应力吊车梁、桁架、托架等端头锚固区，沿预应力方向的纵向水平或垂直裂缝，主要是构件端部节点尺寸不够以及未配置足够的横向钢筋网片或钢箍，当张拉时，因为垂直预应力筋方向的劈裂拉应力而引起裂缝出现。此外，混凝土振捣不密实，张拉时混凝土强度偏低，和张拉力超过规定等，均会出现这类裂缝。

（5）拱形屋架上弦裂缝，主要是由于下弦预应力筋张拉应力过大，屋架向上拱起较多，让上弦受拉而在顶部产生裂缝。

4.6.2.2 预防措施

避免混凝土表面出现强拉裂缝的预防措施如下：

（1）严格控制混凝土配合比，加强混凝土振捣，确保混凝土密实性和强度。

（2）预应力筋张拉和放松时，混凝土须达到规定的强度；操作时，控制应力应准确，并且应缓慢放松预应力钢筋。

（3）模胎端部加弹性垫层（木或橡皮），或者减缓模胎端头角度，并选用有效隔离剂，以防或减少卡模现象出现。

（4）板面适当施加预应力，让纵肋预应力钢筋引起的反拱减小，提高板面抗裂度。

（5）在吊车梁、桁架、托架等构件的端部节点处，增配箍筋、螺旋筋或钢筋网片，并确保外围混凝土有足够的厚度；减小张拉力或者增大梁端截面的宽度。

（6）轻微的张拉裂缝，在结构受荷后会逐渐闭合，大体上不影响承载力，可不处理或采取涂刷环氧胶泥、粘贴环氧玻璃布等方法进行封闭处理；严重的裂缝，将明显降低结构刚度，应按照具体情况，采取预应力加固或用钢筋混凝土围套、钢套箍加固等方法处理[7]。

4.6.3 温度裂缝

4.6.3.1 产生原因

温度裂缝又称为温差裂缝，表面温度裂缝走向无一定规律性，在长度尺寸较大的基础、墙、梁、板类结构上，裂缝多平行于短边；大体积混凝土结构的裂缝常纵横交错。深进的和贯穿的温度裂缝，通常与短边方向平行或接近于平行，裂缝沿全长分段出现，中间较密。裂缝宽度大小不一，通常在 0.5mm 以下，沿全长没有多大变化。表面温度裂缝多发生在施工期间，深进的或贯穿的多发生在浇筑后 2~3 个月或者更长时间，缝宽受温度变化影响较明显，冬季较宽，夏季较细。沿截面高度，裂缝大多呈上宽下窄状，但是个别也有下宽上窄的情况，遇顶部或底板配筋较多的结构，有时也会出现中间宽、两端窄的梭形裂缝[12]。如图 4-31 所示。

图 4-31　混凝土表面温度裂缝

4.6.3.2 预防措施

加强混凝土早期养护，并适当延长养护时间。暴露在露天的混凝土应该及早回填土或封闭，防止发生过大的湿度变化。

（1）预防表面温度裂缝，可以控制构件内外层出现过大温差。浇筑混凝土后，应及时用草袋或麻袋覆盖洒水养护；在冬期混凝土表面应根据热工计算要求采取保温措施，不过早拆除模板和保温层；对于薄壁构件，适当延长拆模时间，使之缓慢降温；拆模时，块体中部和表面温差不宜大于 200℃，以防急剧冷却造成表面裂缝；地下结构混凝土拆模后要及时做防水层和回填[6]。

（2）预防深进和贯穿温度裂缝应采取如下措施[8,12]：

1）尽可能选用低热或中热水泥（如矿渣水泥、粉煤灰水泥）配制混凝土；混凝土中掺加适量粉煤灰或减水剂（木质磺酸钙、MF 等）；利用混凝土的后期强度（90~180d），以降低水泥用量，减少水化热量。选用良好级配的骨料，并且严格控制砂、石子含泥量，降低水灰比（0.6 以下）；加强振捣，来提高混凝土的密实性和抗拉强度。

2）在混凝土中掺加缓凝剂，减缓浇筑速度，以利散热。在设计允许的情况下，可掺入不大于混凝土体积 25% 的块石，以吸收热量，并且节省混凝土。

3）避开炎热天气浇筑大体积混凝土。如需在炎热天气浇筑时，应采用冰水或搅拌水中掺加冰屑拌制混凝土；对骨料设简易遮阳装置或进行喷水预冷却；运输混凝土应加盖防日晒，来降低混凝土搅拌和浇筑温度。

4）浇筑薄层混凝土，每层浇筑厚度控制不大于 30cm，以加快热量的散发，并使温度分布较均匀，与此同时便于振捣密实，以提高弹性模量。

5）大型设备基础采取分块分层浇筑（每层间隔时间为 5~7d），分块厚度为 1.0~1.5m，以利于水化热的散发并减少约束作用。对于较长的基础和结构，采取每隔 20~30m 留一条 0.5~1.0m 宽的间断后浇缝，钢筋仍确保连续不断，30d 后再用掺 UEA 微膨胀细石混凝土填灌密实，来削减温度收缩应力。

6）混凝土浇筑在岩石地基或者厚大的混凝土垫层上时，在岩石地基或混凝土垫层上铺调防滑隔离层（浇二度沥青胶，撒铺 5mm 厚砂子或铺三毡三油）；底板高低起伏和截面突变处，做成渐变化形式，来消除或减少约束作用。

7）加强早期养护，提高抗拉强度。混凝土浇筑后，表面立即用塑料薄膜、草垫等覆盖，并洒水养护；深坑基础可以采取灌水养护。夏季适当延长养护时间。在寒冷季节，混凝土表面应该采取保温措施，以防寒潮袭击。对薄壁结构要适当延长拆模时间，使其缓慢地降温。拆模时，块体中部和表面温差控制不大于 20℃，以防急剧冷却，导致表面裂缝；基础混凝土拆模后应及时回填。

8）加强温度管理。混凝土拌制时温度要低于 25℃，浇筑时要低于 30℃。浇筑后控制混凝土与大气温度差不大于 25℃，混凝土本身内外温差在 20℃ 以内；加强养护过程中的测温工作，如果发现温差过大，就需要及时覆盖保温，使混凝土缓慢地降温，缓慢地收缩，以有效地发挥混凝土的徐变特性，降低约束应力，提高结构抗拉能力。

4.6.3.3 治理方法

已存在的温度裂缝，对钢筋锈蚀，对混凝土抗碳化、抗冻融、抗疲劳等方面有极大影响，这时可采取以下治理措施：

（1）对表面裂缝，可采用涂两遍环氧胶泥或贴环氧玻璃布，以及抹、喷水泥砂浆等方法进行表面封闭处理。

（2）对有整体性防水、防渗要求的结构，缝宽大于0.1mm的深进或者贯穿性裂缝，应按照裂缝可灌程度，采用灌水泥浆或化学浆液（环氧、甲凝或丙凝浆液）的方法进行裂缝修补，或者灌浆与表面封闭同时采用。

（3）宽度不大于0.1mm的裂缝，因为后期水泥生成氢氧化钙、硫酸铝钙等物质，碳化作用能使裂缝自行愈合，可不处理或者只进行表面处理即可。

4.6.4 沉陷裂缝

4.6.4.1 产生原因

沉陷裂缝多在基础、墙等结构上出现，大多是深进或贯穿性裂缝，其走向与沉陷情况有关，有的在上部，有的在下部，通常与地面垂直，或呈30°、45°发展，如图4-32所示，较大的不均匀沉陷裂缝，一般上下或左右有一定的错距，因荷载大小而异，而且与不均匀沉陷值成比例，裂缝宽度受温度变化影响较小。这种裂缝破坏结构的整体性，降低刚度，使裂缝增大，不同程度地影响结构的承载力、耐久性。

图 4-32　混凝土表面沉陷裂缝

4.6.4.2 预防措施

不均匀沉陷裂缝对结构的承载能力、整体性、耐久性有特别大的影响，因此，应按照裂缝的部位和严重程度，会同设计等有关部门对结构进行适当的加固处理，如设钢筋混凝土围套、加钢套箍等。

（1）对于软硬地基、松软土、填土地基应进行必要的夯（压）实和加固。

（2）模板应支撑牢固，确保整个支撑系统有足够的承载力和刚度，并使地基受力均匀。拆模时间不能过早，应该按规定执行。

（3）各部分荷载悬殊的结构，适当增设构造钢筋，以防不均匀下沉，造成应力集中而出现裂缝。

（4）施工场地周围应做好排水措施，并且注意防止水管漏水或养护水浸泡地基。

（5）模板支架通常不应支承在冻胀性土层上，如果确实不可避免，则应加垫板，做好排水，覆盖好保温材料。

4.6.5 沉降裂缝

4.6.5.1 产生原因

沉降收缩裂缝多沿结构上表面钢筋通长方向或箍筋上断续出现。裂缝呈梭形，深度不大，一般到钢筋上表面为止，在钢筋底部形成空隙。多在混凝土浇筑后发生，混凝土硬化即停止。这种裂缝如果不及时处理，会遭受水分和气体侵入，直接锈蚀钢筋，当气温处于-3℃以下时，水分结冰体积膨胀，会进一步扩大裂缝宽度和深度，如此循环扩大，将影响整个工程的安全。其原因主要是混凝土浇筑振捣后，粗骨料沉落，挤出水分、空气，表面呈现泌水，而形成竖向体积缩小沉落，这种沉落受到钢筋、预埋件、模板、大的粗骨料以及先期凝固混凝土的局部阻碍或约束，或混凝土本身各部位相互沉降量相差过大而造成裂缝。

4.6.5.2 预防措施

施工时应加强混凝土配制和施工操作控制，使水灰比、砂率、坍落度不要过大；振捣要充分，但避免过度；对于截面相差较大的混凝土构筑物，可先浇筑深部位，静停2~3h，待沉降稳定后，再与上部薄截面混凝土同时浇筑，以避免沉降过大导致裂缝产生。

4.6.6 冻胀裂缝

4.6.6.1 产生原因

结构构件表面沿主筋、箍筋方向出现宽窄不一的裂缝，深度通常到主筋，周围混凝土疏松、剥落。这种裂缝不同程度地影响结构的承载力和耐久性、整体性。其产生原因是冬期施工混凝土结构构件未保温，混凝土早期遭受冻结，将表层混凝土冻胀，解冻后，钢筋部位变形仍不能恢复而出现裂缝、剥落，如图4-33所示。

图 4-33 混凝土表面冻胀裂缝

4.6.6.2 预防措施

结构构件冬期施工时，配制混凝土应该采用普通硅酸盐水泥，低水灰比，并掺入适量早强剂、抗冻剂，以提高早期强度；对混凝土进行蓄热保温或加热养护，直至达到40%设计强度。

避免在冬期进行预应力构件孔道灌浆。需灌浆时，应该在灰浆中掺加早强型防冻减水剂或加气剂，防止水泥沉淀产生游离水；灌浆后进行加热养护，直到达到规定强度。

4.6.7 混凝土裂缝治理

混凝土结构或者构件出现裂缝，有的破坏结构整体性，降低刚度，使变形增大，不同程度地影响结构承载力、耐久性；有的虽对承载力无多大影响，但是会引起钢筋锈蚀，降低耐久性，或发生渗漏，影响使用。

混凝土裂缝的治理应根据裂缝发生原因、性质、特征、大小、部位，结构受力情况和使用要求，区别情况进行治理[6,12]。通常分为以下几种治理方法：

4.6.7.1 表面修补法

表面修补法适用于对承载能力无影响的表面及深进的裂缝，以及大面积细裂缝防渗漏水的处理。

A 表面涂抹砂浆法

适用于稳定的表面及深进裂缝的处理。处理时将裂缝附近的混凝土表面凿毛，或者沿裂缝（深进的）凿成深 15~20mm、宽 100~150mm 的凹槽，扫净并洒水湿润，先刷水泥净浆一遍，然后用 1:1~1:2 的水泥砂浆分 2~3 层涂抹，总厚为 10~20mm，并压光。有渗漏水时，应用水泥净浆（厚2mm）与 1:2 的水泥砂浆（厚4~5mm）交替抹压 4~5 层，涂抹 3~4h 后，进行覆盖洒水养护。

B 表面涂抹环氧胶泥或粘贴环氧玻璃布法

适用于稳定的、干燥的表面以及深进裂缝的处理。涂抹环氧胶泥前将裂缝附近表面灰尘、浮渣清除、洗净并干燥。油污应当用有机溶剂或丙酮擦洗净。如表面潮湿，应用喷灯烘烤干燥、预热，以确保胶泥与基层良好的黏结。基层干燥困难时，则用环氧煤焦油胶泥（涂料）涂抹。较宽裂缝先用刮刀堵塞环氧胶泥，涂刷时用硬毛刷或刮板蘸取胶泥，均匀涂刮在裂缝表面，宽 80～100mm，通常涂刷 2 遍。贴环氧玻璃布时，一般贴 1～2 层，第二层布的周边应比下面一层宽 10～15mm，以便压边。

C 表面凿槽嵌补法

适用于独立的裂缝宽度较大的死裂缝和活裂缝的处理。沿混凝土裂缝凿一条宽 5～6mm 的 V 形或 U 形槽，槽内嵌入刚性材料，如水泥砂浆或环氧胶泥；填灌柔性密封材料，例如聚氯乙烯胶泥、沥青油膏、聚氨酯以及合成橡胶等密封。表面做砂浆保护层或不做保护层。槽内混凝土面应修理平整并清洗干净，不平处用水泥砂浆填补。嵌填时槽内用喷灯烘烤使之干燥。嵌补前，槽内表面涂刷嵌填材料稀释涂料，对于修补活裂缝仅在两侧涂刷，槽底铺一层塑料薄膜缓冲层，以防填料与槽底混凝土黏合，在裂缝上造成应力集中，将填料撕裂。然后用抹子或刮刀将砂浆或环氧胶泥柔性填料嵌入槽内使之饱满压实，最后用 1∶2.5 的水泥砂浆抹平压光（对活裂缝不做砂浆保护层）。

4.6.7.2 内部修补法

内部修补法适用于对结构整体性有影响，或有防水、防渗要求的裂缝修补。

A 注射法

当裂缝宽度小于 0.5mm 时，可以用医用注射器压入低稠度、不掺加粉料的环氧树脂胶黏剂。注射时应在裂缝干燥或用热烘烤使缝内不存在湿气的条件下进行，注射次序从裂缝较低一端开始，针头尽量插入缝内，缓慢注入，使环氧胶黏剂在缝内向另一端流动填充，方便缝内空气排出。注射完毕在缝表面涂刷环氧胶泥两遍或者再加贴一层环氧玻璃布条盖缝。

B 化学注浆法

化学灌浆具有黏度低、可灌性好、收缩小以及有较高的黏结强度和一定的弹性等优点，恢复结构整体性的效果好。适用于各种情况下的裂缝修补及堵漏、防渗处理。

灌浆材料应按照裂缝的性质、缝宽和干燥情况选用。常用的灌浆材料有环氧树脂浆液（能修补缝宽 0.05～0.15mm 的干燥裂缝）、甲凝（能灌 0.03～0.1mm 的干燥细微裂缝）、丙凝（用于渗水裂缝的修补、堵水以及止漏，能灌 0.1mm 以下的湿细裂缝）等。其中环氧树脂浆液因具有化学材料较单一、来源广、施工操作方便、黏结强度高、成本低等优点，应用最广泛。

灌浆通常采取骑缝直接施灌。表面处理同环氧胶泥表面涂抹。灌浆嘴为带有细丝扣的活接头，用环氧腻子固定在裂缝上，间距 40～50cm，贯通缝应在两面交叉设置。裂缝表面用环氧胶泥或腻子封闭。硬化后，先试气了解缝面通顺情况，气压保持在 0.2～0.3MPa，垂直缝从下往上，水平缝从一端向另一端，如漏气，可以用石膏块硬腻子封闭。灌浆时，将配好的浆液注入压浆罐内，先将活接头接在第一个灌浆嘴上，开动空压机送气（气压一般为 0.3～0.5MPa），即将环氧浆液压入裂缝中，等待浆液从邻近灌浆嘴喷出后，即用小木塞将第一个灌浆孔封闭，以便保持孔内压力，然后同法依次灌注其他灌浆孔，直到全部灌注完毕。环氧浆液通常在 20～25℃下经 16～24h 即可硬化，可将灌浆嘴取下重复使用。在缺乏灌浆设备时，较宽的平、立面裂缝也可以用手压泵进行。

4.6.7.3 结构加固法

结构加固法适用于对结构整体性、承载能力有较大影响的、表面损坏严重的表面、深进及贯穿性裂缝的加固处理，通常有以下几种方法。

A 围套加固法

当周围空间尺寸允许的情况下，在结构外部一侧或三侧外包钢筋混凝土围套（见图 4-34（a）），来增加钢筋和截面，提高其承载能力。对构件裂缝严重，尚未破碎裂透或一侧破裂的，将裂缝部位钢筋保护层凿去，外包钢丝网一层。如果钢筋扭曲已达到流限，则加焊受力短钢筋及箍筋（或钢丝网），重新浇筑一层 3.5cm 厚的细石混凝土加固（见图 4-34（b））。加固时，原混凝土表面应凿毛洗净，或将主筋凿出；如钢筋锈蚀严重，应该打去保护层，喷砂除锈。增配的钢筋应根据裂缝程度由计算确定。浇筑围套混凝土前，模板与原结构均应充分浇水湿润。模板顶部设八字口，使浇筑面有一个自重压实的高度。选用高一强度等级的细石混凝土，控制水灰比，加适量减水剂，注意捣实，每段一次浇筑完毕，并加强养护。

(a)   (b)

图 4-34　围套加固法

B 钢箍加固法

在结构裂缝部位四周用 U 形螺栓或型钢套箍将构件箍紧，如图 4-35 所示，以防裂缝扩大，提高结构的刚度和承载力。加固时，应使钢套箍与混凝土表面紧密接触，以确保共同工作。

图 4-35 钢箍加固法

C 喷浆加固法

喷浆加固法适用于混凝土因钢筋锈蚀、化学反应、腐蚀、冻胀等原因导致的大面积裂缝补强加固。先将裂缝损坏的混凝土全部铲除，清除钢筋铁锈，严重的选用喷砂法除锈，然后以压缩空气或者高压水将表面冲洗干净并保持湿润，在外表面加一层钢筋网或钢筋网与原有钢筋点焊固定，接着在混凝土表面涂一层水泥素浆来增强黏结。凝固前，用混凝土喷射机喷射混凝土，通常用干法，它是将按一定比例配合搅拌均匀的水泥、砂、石子（比例为：52.5 级普通水泥：中粗砂：粒径 0.3 ~ 0.7cm 的石子 = 1:2:1.5 ~ 1:2:2）干拌合料送入喷射机内，利用压缩空气（风压为 0.14 ~ 0.18MPa）将拌合料经软管压送到喷枪嘴，在喷嘴后部与通入的压力水（水压 0.3MPa）混合，高速度喷射于补缝结构表面，形成一层密实整体外套。混凝土水灰比应控制在 0.4 ~ 0.5，混凝土厚度为 30 ~ 75mm。混凝土抗压强度为 30 ~ 35MPa，抗拉强度为 2MPa，黏结强度应为 1.1 ~ 1.3MPa。

4.6.8 大体积混凝土裂缝防治

大体积混凝土浇筑时，因为混凝土凝结过程中水泥的水化反应会散发出大量的水化热，形成混凝土内外温差较大，极容易使混凝土体产生裂缝[8]。

为了减少大体积混凝土裂缝的产生，应该从原材料、设计和施工等方面采取措施[7]。

4.6.8.1 原材料和配合比

原材料和配合比的具体要求如下：

（1）控制水泥品种及技术性能，配制混凝土应选用水化热较低的水泥，例如矿渣水泥、火山灰质或粉煤灰水泥等，并且掺入缓凝剂或缓凝型减水剂。

（2）砂石级配要合理，尽可能减少水泥用量，使混凝土中的水化热相应降低。

（3）科学地调整好水灰比，尽可能降低单位体积混凝土拌合物的用水量。

（4）应控制粗细骨料含泥量，预应力混凝土工程中粗骨料不大于1%，细骨料不大于3%。

4.6.8.2 设计控制措施

具体的设计控制措施如下：

（1）增设滑动层。为了减小温度应力，防止裂缝产生，宜在大体积混凝土结构的底面设置滑动层。特别是当结构在坚实的基岩或老混凝土基层上时，外约束力很大，例如在基础底部全部或大部分设置滑动层时，将使温度应力大为减小。隔离层可以采用毡砂层、塑料布、纤维布加滑石粉或细砂等材料。

（2）合理分块分缝。合理分块分缝，既可减小温度应力，又可以增加散热面，降低混凝土内部温度。分块分缝可按照不同情况采用伸缩缝、施工缝或者后浇带。

（3）控制混凝土强度等级。大体积混凝土的强度等级一般采用C20，并以不超过C30为宜。

（4）适当配置构造钢筋。在大体积混凝土结构中，承载力安全储备通常都很高。过高的安全储备，将使水泥用量增多，致使施工时混凝土内部温度过高，内外温差过大，引起开裂。钢筋虽对混凝土抗裂影响不大，但是可起到减少混凝土收缩，限制裂缝扩延的作用。因此，对大体积混凝土结构，应该适当配置抗拉的温度构造钢筋。

4.6.8.3 施工控制措施

具体的施工控制措施如下：

（1）按照气候条件严格控制混凝土的入模温度，夏季应该采用低温水拌和混凝土，混凝土拌合物的浇筑温度不宜超过28℃。混凝土浇筑温度指混凝土振捣后，在混凝土50~100mm深处的温度。

（2）有特殊要求的大体积混凝土结构工程，需要时采用人工导热法，在混凝土体内设置冷却水管，利用循环水来降低混凝土温度，避免混凝土体内温度上升、形成内外温差较大，致使混凝土产生裂缝。

（3）避免拌合物出现泌水现象，在混凝土浇筑完毕后，存在的泌水应立即排除并二次振捣。

5 预应力混凝土工程

在普通钢筋混凝土的结构中，由于混凝土极限拉应变低，在使用荷载作用下，构件中钢筋的应变大大超过了混凝土的极限拉应变，钢筋混凝土构件中的钢筋强度得不到充分利用，所以普通钢筋混凝土结构采用高强度钢筋是不合理的。为了充分利用高强度材料，弥补混凝土与钢筋拉应变之间的差距，人们把预应力运用到钢筋混凝土结构中去，即在外荷载作用于构件之前，利用钢筋张拉后的弹性回缩，对构件受拉区的混凝土预先施加压力，产生预压应力，使混凝土结构在作用状态下充分发挥钢筋抗拉强度高和混凝土抗压能力强的特点，以提高构件的承载能力。当构件在荷载作用下产生拉应力时，首先抵消混凝土中已有的预应力，然后随着荷载不断增加，受拉区混凝土才受拉开裂，从而延迟了构件裂缝的出现和限制了裂缝的开展，提高了构件的抗裂度和刚度。这种利用钢筋对受拉区混凝土施加预压应力的钢筋混凝土，叫作预应力混凝土。

预应力混凝土，与钢筋混凝土相比较，具有构件截面小、自重轻、刚度大、抗裂度高、耐久性好、材料省等优点，但预应力混凝土施工，需要专门的材料与设备、特殊的工艺，单价较高。在大开间、大跨度与重荷载的结构中，采用预应力混凝土结构，可以减少材料的用量，扩大其使用功能，综合经济效益好，在现代结构中具有广阔的发展前景[7]。

预应力混凝土按预加应力的方式可分为先张法预应力钢筋混凝土和后张法预应力钢筋混凝土。

先张法是在台座或钢模上先张拉预应力筋并用夹具临时固定，再浇筑混凝土，待混凝土达到一定强度后，放张并切断构件外预应力筋的方法。特点是先张拉预应力筋后，再浇筑混凝土；预应力是靠预应力筋与混凝土之间的黏结力传递给混凝土，并使其产生预压应力。

后张法是先浇筑构件或结构混凝土，待达到一定强度后，在构件或结构上张拉预应力筋，然后用锚具将预应力筋固定在构件或结构上的方法。特点是先浇筑混凝土，达到一定强度后，再在其上张拉预应力筋；预应力是靠锚具传递给混凝土，并使其产生预压应力。在后张法中，按预应力筋黏结状态又可分为有黏结预应力钢筋混凝土和无黏结预应力钢筋混凝土。

为了达到较高的预应力值，宜优先采用高强度等级混凝土。当采用冷拉HRB335、HRB400钢筋和冷轧带肋钢筋作预应力钢筋时，其混凝土强度不宜低于

C30；当采用消除应力钢丝、钢绞线、热处理钢筋作预应力钢筋时，混凝土强度等级不宜低于C40。

5.1 预应力工程质量标准

预应力隐蔽工程验收的主要内容包括：预应力筋的品种、规格、级别、数量和位置；成孔管道的规格、数量、位置、形状、连接以及灌浆孔、排气兼泌水孔；局部加强钢筋的牌号、规格、数量和位置；预应力筋锚具和连接器及锚垫板的品种、规格、数量和位置。

预应力筋、锚具、夹具、连接器、成孔管道的进场检验，当产品获得认证，或同一厂家、同一品种、同一规格的产品，连续三批均一次检验合格；预应力筋张拉机具及压力表应定期维护和标定，张拉设备和压力表应配套标定和使用，标定期限不应超过半年，其检验批容量可扩大一倍。

预应力工程材料的质量标准及验收方法应符合表 5-1 的规定，预应力筋制作与安装的质量标准及验收方法应符合表 5-2 的规定，预应力筋曲线起始点与张拉锚固点之间直线段最小长度应符合表 5-3 的规定，预应力筋或成孔管道定位控制点的竖向位置允许偏差应符合表 5-4 的规定，预应力筋张拉和放张的质量标准及验收方法应符合表 5-5 的规定，预应力筋灌浆及封锚的质量标准及验收方法应符合表 5-6 的规定[13-14]。

表 5-1 预应力工程材料的质量标准及验收方法

项目	合格质量标准	检查数量	检验方法
主控项目	预应力筋进场时，应按国家现行标准《预应力混凝土用钢绞线》（GB/T 5224—2014）、《预应力混凝土用钢丝》（GB/T 5223—2014）、《预应力混凝土用螺纹钢筋》（GB/T 20065—2016）和《无粘结预应力钢绞线》（JG/T 161—2016）抽取试件做抗拉强度、伸长率检验，其检验结果应符合相应标准的规定	按进场的批次和产品的抽样检验方案确定	检查质量证明文件和抽样检验报告
	无黏结预应力钢绞线进场时，应进行防腐润滑脂量和护套厚度的检验，检验结果应符合现行行业标准《无粘结预应力钢绞线》（JG/T 161—2016）的规定，经观察认为涂包质量有保证时，无黏结预应力筋可不做油脂量和护套厚度的抽样检验	按现行行业标准《无粘结预应力钢绞线》（JG/T 161—2016）的规定确定	观察，检查质量证明文件和抽样检验报告

项目	合格质量标准	检查数量	检验方法
主控项目	预应力筋用锚具应和锚垫板、局部加强钢筋配套使用，锚具、夹具和连接器进场时，应按现行行业标准《预应力筋用锚具、夹具和连接器应用技术规程》（JGJ 85—2010）的相关规定对其性能进行检验，检验结果应符合该标准的规定。锚具、夹具和连接器用量不足检验批规定数量的50%，且供货方提供有效的试验报告时，可不做静载锚固性能试验	按现行行业标准《预应力筋用锚具、夹具和连接器应用技术规程》（JGJ 85—2010）的规定确定	检查质量证明文件、锚固区传力性能试验报告和抽样检验报告
	处于三a类、三b类环境条件下的无黏结预应力筋用锚具系统，应按现行行业标准《无粘结预应力混凝土结构技术规程》（JGJ 92—2016）的相关规定检验其防水性能，检验结果应符合该标准的规定	同一品种、同一规格的锚具系统为一批，每批抽取3套	检查质量证明文件和抽样检验报告
	孔道灌浆用水泥应采用硅酸盐水泥或普通硅酸盐水泥，水泥、外加剂的质量应分别符合《混凝土结构工程施工质量验收规范》（GB 50204—2015）第7.2.1条、第7.2.2条的规定；成品灌浆材料的质量应符合现行国家标准《水泥基灌浆材料应用技术规范》（GB/T 50448—2015）的规定	按进场批次和产品的抽样检验方案确定	检查质量证明文件和抽样检验报告
一般项目	预应力筋进场时，应进行外观检查，其外观质量应符合下列规定： 　1. 有黏结预应力筋的表面不应有裂纹、小刺、机械损伤、氧化铁皮和油污等，展开后应平顺、不应有弯折； 　2. 无黏结预应力钢绞线护套应光滑、无裂缝、无明显褶皱，轻微破损处应外包防水塑料胶带修补，严重破损者不得使用	全数检查	观察
	预应力筋用锚具、夹具和连接器进场时，应进行外观检查，其表面应无污物、锈蚀、机械损伤和裂纹		

项目	合格质量标准	检查数量	检验方法
一般项目	预应力成孔管道进场时，应进行管道外观质量检查、径向刚度和抗渗漏性能检验，其检验结果应符合下列规定： 1. 金属管道外观应清洁，内外表面应无锈蚀、油污、附着物、孔洞；波纹管不应有不规则褶皱，咬口应无开裂、脱扣；钢管焊缝应连续； 2. 塑料波纹管的外观应光滑、色泽均匀，内外壁不应有气泡、裂口、硬块、油污、附着物、孔洞及影响使用的划伤； 3. 径向刚度和抗渗漏性能应符合现行行业标准《预应力混凝土桥梁用塑料波纹管》（JT/T 529—2016）和《预应力混凝土用金属波纹管》（JG/T 225—2020）的规定	外观应全数检查；径向刚度和抗渗漏性能的检查数量应按进场的批次和产品的抽样检验方案确定	观察，检查质量证明文件和抽样检验报告

表 5-2　预应力筋制作与安装的质量标准及验收方法

项目	合格质量标准	检查数量	检验方法
主控项目	预应力筋安装时，其品种、规格、级别和数量必须符合设计要求	全数检查	观察，尺量
	预应力筋的安装位置应符合设计要求		
一般项目	预应力筋端部锚具的制作质量应符合下列规定： 1. 钢绞线挤压锚具挤压完成后，预应力筋外端露出挤压套筒的长度不应小于1mm； 2. 钢绞线压花锚具的梨形头尺寸和直线锚固段长度不应小于设计值； 3. 钢丝镦头不应出现横向裂纹，镦头的强度不得低于钢丝强度标准值的98%	对挤压锚，每工作班抽查5%，且不应少于5件；对压花锚，每工作班抽查3件；对钢丝镦头强度，每批钢丝检查6个镦头试件	观察，尺量，检查镦头强度试验报告

项目	合格质量标准	检查数量	检验方法
一般项目	预应力筋或成孔管道的安装质量应符合下列规定： 1. 成孔管道的连接应密封； 2. 预应力筋或成孔管道应平顺，并应与定位支撑钢筋绑扎牢固； 3. 锚垫板的承压面应与预应力筋或孔道曲线末端垂直，预应力筋或孔道曲线末端直线段长度应符合表 5-3 规定； 4. 当后张有黏结预应力筋曲线孔道波峰和波谷的高差大于 300mm，且采用普通灌浆工艺时，应在孔道波峰设置排气孔	全数检查	观察，尺量
	预应力筋或成孔管道定位控制点的竖向位置偏差应符合表 5-4 的规定，其合格点率应达到 90% 及以上，且不得有超过表中数值 1.5 倍的尺寸偏差	在同一检验批内，应抽查各类型构件总数的 10%，且不少于 3 个构件，每个构件不应少于 5 处	尺量

表 5-3　预应力筋曲线起始点与张拉锚固点之间直线段最小长度

预应力筋张拉控制力 N/kN	$N \leqslant 1500$	$1500 < N \leqslant 6000$	$N > 6000$
直线段最小长度/mm	400	500	600

表 5-4　预应力筋或成孔管道定位控制点的竖向位置允许偏差

构件截面高（厚）度 h/mm	$h \leqslant 300$	$300 < h \leqslant 1500$	$h > 1500$
允许偏差/mm	±5	±10	±15

表 5-5　预应力筋张拉和放张的质量标准及验收方法

项目	合格质量标准	检查数量	检验方法
主控项目	预应力筋张拉或放张前，应对构件混凝土强度进行检验。同条件养护的混凝土立方体试件抗压强度应符合设计要求，当设计无要求时应符合下列规定： 1. 应符合配套锚固产品技术要求的混凝土最低强度且不应低于设计混凝土强度等级值的 75%； 2. 对采用消除应力钢丝或钢绞线作为预应力筋的先张法构件，不应低于 30MPa	全数检查	检查同条件养护试件试验报告

项目	合格质量标准	检查数量	检验方法
主控项目	对后张法预应力结构构件，钢绞线出现断裂或滑脱的数量不应超过同一截面钢绞线总根数的3%，且每根断裂的钢绞线断丝不得超过1丝；对多跨双向连续板，其同一截面应按每跨计算	全数检查	观察，检查张拉记录
	先张法预应力筋张拉锚固后，实际建立的预应力值与工程设计规定检验值的相对允许偏差为±5%	每工作班抽查预应力筋总数的1%，且不应少于3根	检查预应力筋应力检测记录
一般项目	预应力筋张拉质量应符合下列规定： 1. 采用应力控制方法张拉时，张拉力下预应力筋的实测伸长值与计算伸长值的相对允许偏差为±6%； 2. 最大张拉应力不应大于现行国家标准《混凝土结构工程施工规范》（GB 50666—2011）的规定	全数检查	检查张拉记录
	先张法预应力构件，应检查预应力筋张拉后的位置偏差，张拉后预应力筋的位置与设计位置的偏差不应大于5mm，且不应大于构件截面短边边长的4%	每工作班抽查预应力筋总数的3%，且不应少于3束	尺量

表5-6 预应力筋灌浆及封锚的质量标准及验收方法

项目	合格质量标准	检查数量	检验方法
主控项目	预留孔道灌浆后，孔道内水泥浆应饱满、密实	全数检查	观察，检查灌浆记录
	现场搅拌的灌浆用水泥浆的性能应符合下列规定： 1. 3h自由泌水率宜为0，且不应大于1%，泌水应在24h内全部被水泥浆吸收； 2. 水泥浆中氯离子含量不应超过水泥质量的0.06%； 3. 当采用普通灌浆工艺时，24h自由膨胀率不应大于6%；当采用真空灌浆工艺时，24h自由膨胀率不应大于3%	同一配合比检查一次	检查水泥浆配比性能试验报告

项目	合格质量标准	检查数量	检验方法
主控项目	现场留置的孔道灌浆料试件的抗压强度不应低于 30MPa，试件抗压强度检验应符合下列规定： 　1. 每组应留取 6 个边长为 70.7mm 的立方体试件，并应标准养护 28d； 　2. 试件抗压强度应取 6 个试件的平均值；当一组试件中抗压强度最大值或最小值与平均值相差超过 20% 时，应取中间 4 个试件强度的平均值	每工作班留置一组	检查试件强度试验报告
	锚具的封闭保护措施应符合设计要求。当设计无要求时，外露锚具和预应力筋的混凝土保护层厚度：一类环境时不应小于 20mm；二 a 类、二 b 类环境时不应小于 50mm；三 a 类、三 b 类环境时不应小于 80mm	在同一检验批内，抽查预应力筋总数的 5%，且不应少于 5 处	观察，尺量
一般项目	后张法预应力筋锚固后的锚具外的外露长度不应小于预应力筋直径的 1.5 倍，且不应小于 30mm	在同一检验批内，抽查预应力筋总数的 3%，且不应少于 5 束	观察，尺量

5.2 预应力构件制作安装质量通病及防治

5.2.1 预应力筋力学性能不合格

5.2.1.1 产生原因

预应力筋进场时，没有按现行国家标准的规定抽取试件做抗拉强度、伸长率检验，导致部分预应力筋抗拉强度或伸长率不合格而影响工程质量。

5.2.1.2 预防措施

常用的预应力筋有钢丝、钢绞线、精轧螺纹钢筋等，不同的预应力筋产品，其质量标准及检验批容量均由相关产品标准作了明确的规定，制定产品抽样检验方案时应按不同产品标准的具体规定执行。目前常用的预应力筋的相应产品标准有《预应力混凝土用钢绞线》（GB/T 5224—2014）、《预应力混凝土用钢丝》（GB/T 5223—2014）、《预应力混凝土用螺纹钢筋》（GB/T 20065—2016）和《无粘结预应力钢绞线》（JG/T 161—2016）等。预应力筋进场时应根据进场批次和产品的抽样检验方案确定检验批，进行抽样检验。由于各厂家提供的预应力筋产品合格证内容与格式不尽相同，为统一及明确有关内容，要求厂家除了提供产品合格证外，还应提供反映预应力筋主要性能的出厂检验报告，两者也可合并提供。抽样检验可仅做预应力筋抗拉强度与伸长率试验。一般不需要进行松弛率检验，当工程确有需要时，可进行检验[7]。

5.2.2 预应力钢绞线直径超过允许偏差

5.2.2.1 产生原因

由于生产机具精度差，操作工艺不当，导致钢绞线的直径超过规范允许偏差，这将直接影响锚、夹具的匹配性能和锚固的可靠度，偏差大的在张拉过程中会产生滑丝。

5.2.2.2 防治措施

避免预应力钢绞线直径超过允许偏差的防治措施包括：

（1）加强生产过程中工艺操作管理，对生产机具设备精度进行调整，并按照规定、按批量仔细进行检验后方可出厂，并附质量证明书和试验报告。

（2）钢绞线进入现场后，应该逐盘（卷）做外观检查，包括量测钢材直径。预应力钢绞线直径应符合现行国家标准《预应力混凝土用钢绞线》（GB/T 5224—2014）中规定的允许偏差。一般用的预应力钢绞线尺寸及允许偏差见表5-7~表5-9[13-14]。

表5-7 1×2结构钢绞线尺寸及允许偏差、公称横截面积、每米理论质量

钢绞线结构	公称直径		钢绞线直径允许偏差 /mm	钢绞线公称横截面积 S_n/mm²	每米理论质量 /g·m⁻¹
	钢绞线直径 D_n/mm	钢丝直径 d/mm			
1×2	5.00	2.50	+0.15 −0.05	9.82	77.1
	5.80	2.90		13.2	104
	8.00	4.00	+0.25 −0.10	25.1	197
	10.00	5.00		39.3	309
	12.00	6.00		56.5	444

表 5-8 1×3 结构钢绞线尺寸及允许偏差、公称横截面积、每米理论质量

钢绞线结构	公称直径		钢绞线测量尺寸 A/mm	测量尺寸 A 允许偏差 /mm	钢绞线公称横截面积 S_n/mm²	每米理论质量 /g·m⁻¹
	钢绞线直径 D_n/mm	钢丝直径 d/mm				
1×3	6.20	2.90	5.41	+0.15 −0.05	19.8	155
	6.50	3.00	5.60		21.2	166
	8.60	4.00	7.46		37.7	296
	8.74	4.05	7.56		38.6	303
	10.80	5.00	9.33	+0.20 −0.10	58.9	462
	12.90	6.00	11.20		84.8	666
1×3I	8.70	4.04	7.54		38.5	302

表 5-9 1×7 结构钢绞线尺寸及允许偏差、公称横截面积、每米理论质量

钢绞线结构	公称直径 D_n/mm	直径允许偏差 /mm	钢绞线公称横截面积 S_n/mm²	每米理论质量 /g·m⁻¹	中心钢丝直径加大范围（不小于）/%
1×7	9.50 (9.53)	+0.30 −0.15	54.8	430	
	11.10 (11.11)		74.2	582	
	12.70		98.7	775	
	15.20 (15.24)		140	1101	
	15.70	+0.40 −0.15	150	1178	2.5
	17.80 (17.78)		191 (189.7)	1500	
	18.90		220	1727	
	21.60		285	2237	
1×7I	12.70	+0.40 −0.15	98.7	775	
	15.20 (15.24)		140	1101	

钢绞线结构	公称直径 D_n/mm	直径允许偏差 /mm	钢绞线公称横截面积 S_n/mm²	每米理论质量 /g·m⁻¹	中心钢丝直径加大范围（不小于）/%
(1×7) C	12.70	+0.40 −0.15	112	890	2.5
	15.20 (15.24)		165	1295	
	18.00		223	1750	

（3）直径超标的预应力钢绞线则视为不合格品，不可使用。

5.2.3　墩头锚具锚杯拉脱或断裂

5.2.3.1　产生原因

墩头锚具锚杯拉脱或断裂产生的原因如下：

（1）张拉千斤顶的工具式拉杆与锚杯内螺纹连接时，拧入螺纹长度不满足设计要求，螺纹受剪破坏。

（2）锚杯热处理后硬度过高，材质变脆；退刀槽处切削过深，产生应力集中和淬火裂纹；承压钢板（垫板）不正，锚杯偏心受拉。

上述原因会导致锚杯突然断裂，尤其是锚杯的尺寸较小时，壁薄易断。

5.2.3.2　防治措施

墩头锚具锚杯拉脱或断裂的防治措施如下：

（1）加强原材料检验，确定合理的热处理工艺参数。

（2）锚杯内螺纹的退刀槽应严格按图纸要求加工。退刀槽应加工成大圆弧形，防止应力集中和淬火裂纹。

（3）锚杯安装时，工具式拉杆拧入锚杯内螺纹的长度应满足设计要求。当锚杯拉出孔道时应随时拧上螺母，以确保安全。

（4）螺母使用前，应逐个检查螺纹的配合情况。大直径螺纹的表面应涂润滑油脂，以确保锚固和张拉过程中螺母顺利旋合并拧紧。

（5）张拉钢丝束时，应严格对中，以免锚杯的外螺纹受损。

（6）凿去构件张拉端扩大孔与正常孔道交接处的混凝土，重新浇筑混凝土，养护到规定强度后，更换锚杯重新张拉；并通过设计验算，张拉控制应力适当降低[8]。

5.2.4　锚环或群锚锚板开裂

5.2.4.1　产生原因

锚环或群锚锚板开裂产生的原因如下：

（1）锚环或锚板的原材料存在缺陷或热处理有缺陷。

（2）由于锚环或锚板要承受很大的环向应力，其强度不足。

（3）锚垫板表面没有清理干净，有坚硬杂物或锚具偏出锚垫板上的对中止口，形成不平整支撑状态。

（4）过度敲击锚环或锚板而变形，或反复使用次数过多。

5.2.4.2　防治措施

锚环或群锚锚板开裂的防治措施如下：

（1）选择原材料质量有保证的产品，可防止锚具混料、加工工艺不稳定等导致锚环或锚板强度低的问题。

（2）生产厂家应严格把住探伤和其他质量检验关。

（3）锚具安装时应与孔道中心对中，并与锚垫板接触平整。锚垫板上如果设置对中止口，则应防止锚具偏出止口以外，形成不平整的支撑状态。

（4）张拉过程中如果发现锚环或锚板开裂，应更换锚具。

（5）对张拉锚固并灌浆后发现的锚环环向裂缝，如果预应力筋无滑移现象，可采用锚环外加钢套箍的方法进行处理[8]。

5.2.5　钢垫板不垂直于预应力筋孔道中心

5.2.5.1　产生原因

由于选用的锚具、夹具、张拉端钢垫板等材料强度低，加工不够平整，当预应力筋锚固时，有相对移动和塑性变形，导致预应力筋回缩松弛，产生预应力损失[8]，就会发生钢垫板不垂直于预应力筋孔道中心。

5.2.5.2　防治措施

钢垫板不垂直于预应力筋孔道中心的防治措施如下：

（1）按设计图纸的规定选用锚具、张拉端钢垫板，应有材料化学成分和机械性能质保书或复试报告。

（2）材料不得有夹渣或裂缝等缺陷，加工应平整、尺寸应正确，锚具夹片和垫板厚度应符合计算要求。

（3）应控制锚固阶段张拉端预应力筋的内缩量，不应大于表 5-10 的规定。

表 5-10　锚固阶段张拉端预应力筋的内缩量限值

锚 具 类 别		内缩量限值/mm
支承式锚具（螺母锚具、镦头锚具等）	螺母缝隙	1
	每块后加垫板的缝隙	1
夹片式锚具	有顶压	5
	无顶压	6~8

5.2.6 预应力钢丝和钢绞线表面有浮锈、锈斑和麻坑

5.2.6.1 产生原因

预应力钢丝和钢绞线表面有浮锈、锈斑和麻坑的原因如下：

(1) 预应力钢丝和钢绞线生产过程是经中频回火炉处理后，用循环水进行冷却，再经气吹。如果给水量过大，喷气量太小，会造成钢绞线表面有一定的水分，经过一段时间后表面出现浮锈。

(2) 夏天空气潮湿，存放过程中出现浮锈。

(3) 在运输与存放过程中，钢丝和钢绞线盘卷包装破损，受雨露、湿气或腐蚀介质的侵蚀，易发生锈蚀、麻坑。

5.2.6.2 防治措施

预应力钢丝和钢绞线表面有浮锈、锈斑和麻坑的防治措施如下：

(1) 生产过程中，合理调整冷却给水量，加大喷气量，保证钢丝和钢绞线表面干燥，加强车间通风条件。

(2) 每盘钢丝和钢绞线包装时，应加麻片、防潮纸等，用钢带捆扎结实。

(3) 预应力钢丝和钢绞线运输时，应用油布或篷车严密覆盖。

(4) 预应力钢丝和钢绞线储存时，应架空堆放在有遮盖的棚内或仓库内，周围环境不得有腐蚀介质，如储存时间过长，应用乳化防锈油喷涂表面。

(5) 预应力钢丝和钢绞线表面允许有轻微的浮锈。对于有轻度锈蚀（锈斑）的钢丝和钢绞线，应做检验；对于合格的应采取除锈处理后才能使用；对于不合格的，应降级使用或不使用；对于严重锈蚀（麻坑）的，不得使用[7-8]。

5.2.7 钢质锥形锚具滑丝或断丝

5.2.7.1 产生原因

钢质锥形锚具滑丝或断丝的产生原因如下：

(1) 锥形锚具由锚塞和锚环组成。通过张拉钢丝束，顶压锚塞，将多根钢丝楔紧在锚塞与锚环之间。钢丝的强度与硬度很高，如锚具加工精度差、热处理不当、钢丝直径偏差大、应力不均匀，都会导致滑丝。

(2) 锥形锚具安装时，锚环的锥形孔与承压钢板的平直孔形成一个折角，顶压锚塞时钢丝在该处易发生切口效应。如锚环安装有偏斜，锚环、孔道与千斤顶三者不对中，则会卡断钢丝[8]。

5.2.7.2 防治措施

钢质锥形锚具滑丝或断丝的防治措施如下：

（1）确定合理的热处理工艺参数。采取塞硬环软措施，即锚塞硬度高（HRC55~58）、锚环硬度低（HRC20~24）的措施，来弥补钢丝直径的差异。

（2）锚塞与锚环的锥度应严格保证一致。锚塞与锚环配套时，锚塞大小头与锚环的锥形孔只允许同时出现正偏差或负偏差，锥度绝对值偏差不大于8′。

（3）编束时预选钢丝，使同一束中各根钢丝直径的绝对偏差不大于0.15mm，并将钢丝理顺用铁丝编扎，防止穿束时钢丝错位。

（4）浇筑混凝土前，应使预留孔道与承压钢板孔对中；张拉时，应使千斤顶与锚环、承压钢板对中，因此可先将锚环点焊在承压钢板上。

（5）张拉过程中，钢丝滑丝或断丝的数量严禁超过构件同一截面预应力钢丝总根数的3%，且1束钢丝只允许有1根滑丝或断丝。如果超过上述限值，则应更换钢丝重新镦头后再张拉；当不能更换时，在允许的条件下，可提高其余钢丝束的预应力值，以满足设计要求。

5.2.8 预应力锚具有裂纹

5.2.8.1 产生原因

预应力锚具有裂纹的原因如下：

（1）预应力锚具加工精度差，有裂纹，硬度过高或过低。由于材料本身脆性大，对物件的缺陷敏感度也增大，在张拉时使用带裂纹的锚夹具，容易造成碎片飞出伤人等事故，因此预应力施工锚具应严格检查质量。

（2）预应力锚具在热处理过程中掌握不好，硬度过低，预应力筋夹不住，张拉时易打滑；硬度过高，锚具牙齿易损坏钢筋，张拉时易出现钢筋脆断事故[7]。

5.2.8.2 防治措施

预应力锚具有裂纹的防治措施如下：

（1）加工的锚夹具应严格控制质量，不得有夹杂、裂纹等缺陷。

（2）预应力锚具、夹具、连接器应有出厂合格证和复试试验报告。

（3）锚环热处理后的硬度应控制在HRC32~37；夹具的硬度，用于冷拉钢筋的为HRC40~50，用于钢绞线的为HRC50~55。

（4）加工后的锚环内孔和夹具外锥面的锥度应吻合。

（5）预应力锚具应按批验收。进场验收时，每个检验批的锚具不宜超过2000套，每个检验批的连接器不宜超过500套，每个检验批的夹具不宜超过500套。获得第三方独立认证的产品，其检验批的批量可扩大1倍。预应力锚夹具检查验收应按表5-11的要求进行。

表 5-11 预应力锚夹具检查验收

检查项目	每批抽检数量	检查要求	处理意见
外观检查	2%且不应少于 10 套	外形尺寸应符合产品质量保证书所示的尺寸范围，且表面不得有裂纹及锈蚀	当有下列情况之一时，应对本批产品的外观逐套检查，合格者方可进入后续检验： 1. 当有 1 个零件不符合产品质量保证书所示的外形尺寸，应另取双倍数量的零件重做检查，仍有 1 件不合格； 2. 当有 1 个零件表面有裂纹或夹片、锚孔锥面有锈蚀
硬度检验	3%且不应少于 5 套（多孔夹片式锚具的夹片，每套应抽取 6 片）	硬度值应符合产品质量保证书的规定	当有 1 个零件不符合时，应另取双倍数量的零件重做检验；在重做检验中如仍有 1 个零件不符合，应对该批产品逐个检验，符合者方可进入后续检验
静载锚固性能试验	应在外观检查和硬度检验均合格的锚具中抽取样品，与相应规格和强度等级的预应力筋组装成 3 个预应力筋-锚具组装件	进行静载锚固性能试验	当有 1 个试件不符合要求时，应取双倍数量的样品重做试验；在重做试验中仍有 1 个试件不符合要求时，该批锚具（或夹具）应判定为不合格

5.2.9 构件发生开裂和侧弯

5.2.9.1 产生原因

预应力构件预留孔道芯管和预埋件固定不牢，固定各种成孔管道用的钢筋井字架间距过大，导致孔道不正，预应力筋混凝土保护层过小，构件施加预应力时会发生开裂和侧弯。

5.2.9.2 防治措施

构件发生开裂和侧弯的防治措施如下：

（1）加工的钢筋井字架尺寸应准确，固定井字架的间距应为：支垫钢管芯管不大于 1500mm；支垫波纹管不大于 1000mm；支垫胶管不大于 600mm；支垫曲线孔道的应加密，为 150~200mm。

（2）灌浆孔的间距：预埋波纹管长度不应大于 30m；抽芯成形孔道不应大于 12m；曲线孔道的曲线波峰部位应设置泌水管。孔道壁与构件边缘的距离不应小于 250mm。

（3）浇筑混凝土时，振动器切勿碰动芯管，防止芯管偏移，需要起拱的构件，芯管应随构件同时起拱。在浇筑混凝土前应及时检查芯管和预埋件的位置是否正确，预埋件应固定在模板上。

5.3 预应力灌浆质量通病及防治

5.3.1 预应力混凝土表面徐变裂缝

5.3.1.1 产生原因

先张法或者后张法的预应力构件（预应力筋在端部全弯起）支座处混凝土预压应力一般很小，甚至没有预压应力，当构件与下部支承结构焊接后，变形受到约束，由于徐变的作用加上混凝土的温度收缩等影响，使支座处产生拉应力，导致裂缝出现。

预应力吊车梁、屋面板在使用阶段，在支座附近出现由下而上的竖向裂缝或者斜向裂缝。

5.3.1.2 防治措施

在构件端部设置足够的非预应力纵向构造钢筋或采取附加锚固措施；屋面板等构件，可以在预埋件钢板上加焊插筋，伸入受拉区；适当加大吊车梁端头截面高度，压低预应力筋的锚固位置，减小非预压区；支承节点采用微动连接，在预留孔内设置橡胶垫圈等。

5.3.2 振动棒剧烈撞击预留芯管

5.3.2.1 产生原因

后张法构件预留芯管多为由薄壁钢带卷轧而成的波纹管，如果受振动棒剧烈、直接撞击会造成破损、凹瘪或漏浆，影响穿束，增大应力损失。

5.3.2.2 防治措施

振动棒剧烈撞击预留芯管的防治措施如下：

（1）保证所用预留芯管的刚度、抗渗漏性能等符合有关技术标准。

（2）在浇筑混凝土时，操作人员要了解预留芯管的位置和走向，尽量避免振捣棒撞击预留芯管。

（3）一旦发生严重漏浆造成孔道堵塞，应将孔道凿开，清除漏浆后修复孔道外混凝土，修整应做记录，修整材料应有强度试验报告。

5.3.3 构件放张后一边弯曲

5.3.3.1 产生原因

预应力筋张拉或放张的顺序不正确，如果不同时张拉预应力构件两端对称的钢筋，会使构件偏心受力，后张拉的一侧出现弯曲；如果放张时没有从构件的左右两端同时进行，会使构件受力不匀，产生向后放张的一边弯曲。

5.3.3.2 防治措施

构件放张后一边弯曲的防治措施如下：

(1) 后张法预应力筋的张拉顺序应符合设计要求；当设计无具体要求时，可分批、分阶段地对称张拉，要求两端同时张拉。

(2) 先张法预应力筋的放张顺序宜采取缓慢放张工艺进行逐根或整体放张；对轴心受压构件，所有预应力筋宜同时放张；对受弯或偏心受压的构件，应先同时放张预压应力较小区域的预应力筋，再同时放张预压应力较大区域的预应力筋；当不能按以上规定操作时，应分阶段、对称、相互交错地放张；放张后，预应力筋的切断顺序，宜从张拉端开始依次切向另一端。

(3) 采用先张法生产放张预应力主筋时，应先放松上翼缘的预应力主筋；放松下部主筋时，应从中间开始，然后左右两边、由内向外同时对称进行。

5.3.4 预应力构件出现张拉裂缝

5.3.4.1 产生原因

预应力大型屋面板、墙板槽形板常在上表面或横肋纵肋端头出现裂缝；预应力吊车梁、桁架等则多在端头出现裂缝。板面裂缝多为横向，在板角部位呈 45°角；端横肋靠近纵肋部位的裂缝，基本平行于肋高；纵肋端头裂缝呈斜向。此外，预应力吊车梁、桁架等构件的端头锚固区，常出现沿预应力方向的纵向裂缝，并断续延伸一定长度范围，矩形梁有时贯通全梁；桁架端头有时出现垂直裂缝，其中拱形桁架上弦往往产生横向裂缝；吊车梁屋面板在使用阶段，在支座附近出现由下而上的竖向裂缝。

预应力构件出现张拉裂缝的原因如下：

(1) 预应力板类构件板面裂缝，主要是预应力筋放张后，由于筋的刚度差，产生反拱受拉，加上板面与纵筋收缩不一致，而在板面产生横向裂缝。

(2) 板面四角斜裂缝是由于端肋对纵筋压缩变形的牵制作用，使板面产生空间挠曲，在四角区出现对角拉应力而引起裂缝。

(3) 预应力大型屋面板端头裂缝是由于放张后，肋端头受到压缩变形，而胎模阻止其变形 (俗称卡模)，造成板角受拉，横肋端部受剪，因而将横肋与纵肋交接处拉裂。另外，在纵肋端头部位，预应力钢筋产生之剪应力和放松引起之拉应力均为最大，从而因主拉应力较大引起斜向裂缝。

(4) 预应力吊车梁、桁架、托架等端头锚固区，沿预应力方向的纵向水平或垂直裂缝，主要是构件端部接点尺寸不够和未配制足够的横向钢筋网片或钢箍，当张拉时，由于垂直预应力筋方向的劈裂拉应力而引起裂缝。此外，混凝土振捣不密实，张拉时混凝土强度偏低，以及张拉力超过规定等，都会出现这类裂缝。

（5）拱形屋架上弦裂缝，主要是因下陷预应力钢筋拉应力过大，屋架向上拱起较多，使上弦受拉而在顶部产生裂缝。

5.3.4.2 防治措施

预应力构件出现张拉裂缝的防治措施有：

施工时应严格控制混凝土配合比、加强混凝土振捣，保证混凝土密实性和强度；预应力筋张拉和放松时，混凝土必须达到规定的强度；操作时，控制应力准确，并应缓慢放松预应力钢筋；卡具端部加弹性垫层（木或橡皮），或减缓卡具端头角度，并选用有效隔离剂，以防止和减少卡模现象；板面适当施加预应力，使纵肋预应力钢筋引起的反拱减少，提高板面抗拉度；在吊车梁、桁架、托架等构件的端部接点处，增配箍筋、螺旋筋或钢筋网片，并保证外围混凝土有足够的厚度；减少张拉力或增大梁端截面的宽度。轻微的张拉裂缝，在结构受荷后会逐渐闭合，基本上不影响承载力，可不处理或采取涂刷环氧胶泥、粘贴环氧玻璃布等方法进行封闭处理；严重的裂缝，将明显降低结构刚度，应根据具体情况，采取预应力加固或钢筋混凝土围套、钢套箍加固等方法处理。

5.3.5 预应力筋断裂或滑脱

5.3.5.1 产生原因

在放张锚固过程中，部分钢丝内缩量超过预定值，产生滑脱，有的钢丝出现断裂。滑脱主要是由于锚具加工精度差，热处理不当以及夹片硬度不够，钢丝直径偏差过大，应力不匀等原因。钢丝断裂主要是由钢丝受力不匀以及夹片硬度过大而造成的。

5.3.5.2 防治措施

张拉过程中，为了保证构件的预应力受力均匀及构件达到设计要求的预应力值，通常可采取如下防治措施来严格控制滑脱和断裂的数量：

（1）预应力筋下料时，应随时检查其表面质量，如果局部线段不合格，那么应切除；预应力筋编束时，应当逐根理顺，捆扎成束，不可紊乱。

（2）预应力筋与锚具应良好匹配。现场实际使用的预应力筋与锚具，应该与预应力筋锚具组装件锚固性能试验用的材料一致，例如现场更换预应力筋与锚具，应重做组装件锚固性能试验。

（3）张拉预应力筋时，锚具、千斤顶安装要准确。

（4）焊接时，不得利用钢绞线作为接地线，也不可发生电焊烧伤预应力筋与波纹管的情况。

（5）预应力筋穿入孔道后，应当将其锚固夹持段及外端的浮锈和污物擦拭干净，以免钢绞线张拉锚固时夹片齿槽堵塞而导致钢绞线滑脱。

（6）当预应力张拉达到一定吨位后，若发现油压回落，再加油压又回落，有可能是发生了断丝，这时应当更换预应力筋后重新进行张拉。

（7）预应力筋张拉过程中应避免预应力筋断裂或滑脱。当发生断裂或滑脱时，对于后张法预应力结构构件，断裂或滑脱的数量严禁超过同一截面预应力筋总根数的3%，且每束钢丝或每根钢绞线不得超过一丝；对多跨双向连续板，其同一截面应按每跨计算；对于先张法预应力构件，在浇筑混凝土前发生断裂或滑脱的预应力筋必须更换。

5.3.6 板式构件发生严重翘曲

5.3.6.1 产生原因

板式构件，当预应力筋放松后发生严重翘曲，主要原因是：

（1）台面或钢模板不平整，预应力筋位置不准确，保护层不一致，以及混凝土质量低劣等，使预应力筋对构件施加一个偏心荷载，这对截面较小构件尤为严重。

（2）各根预应力所建立的张拉应力不一致，放张后对构件产生偏心荷载而使构件发生严重翘曲。

5.3.6.2 防治措施

板式构件发生严重翘曲的防治措施如下：

（1）保证台面平整。一是做好台面的垫层，素土夯实后铺碎石垫层，再浇筑混凝土台面（8~10cm），最好用原浆抹面或表面用1∶2的水泥砂浆找平压光，防止表面空鼓、起砂、裂纹；二是防止温度变化引起台面开裂，要设置伸缩缝，其间距根据生产、构件的类型组合确定，尽量考虑避免构件跨越伸缩缝，一般以10~20m为宜，必要时可对台面施加预应力；三是做好台面排水设施，一般台面应高于自然地面，以利排水。

（2）钢模板要有足够的刚度，承受张拉力时的变形控制在2mm以内。

（3）确保预应力筋的保护层均匀一致。

（4）钢模板吊入蒸汽池内养护时，支承底座一定要平整。重叠码放时，钢模板上面要整洁，不能有残余的混凝土渣，以防构件翘曲。

（5）成组张拉时，要确保预应力筋的长度一致。单根张拉时要考虑先后张拉应力损失不同，可用不等的超张拉系数或用重复张拉的方法调整。

（6）放松预应力筋时要对称进行，避免构件受偏心冲击荷载。

5.3.7 预应力构件孔道灌浆不通畅

5.3.7.1 产生原因

灌浆排气管（孔）与预应力筋孔道不通，或预应力筋孔道内有混凝土残渣、杂物，水泥浆内有硬块或杂物；灌浆泵、灌浆管与灌浆枪头未冲洗干净，留有水泥浆硬块与残渣等原因，致使水泥浆灌入预应力筋孔道内时不通畅，另一端灌浆排气管（孔）不出浆，灌浆泵压力过大（大于1MPa），灌浆枪头堵塞，导致孔道灌浆不饱满，甚至局部有露筋，会产生预应力筋严重锈蚀、断筋，使构件破坏[7]。

5.3.7.2 防治措施

预应力构件孔道灌浆不通畅的防治措施如下：

（1）在构件两端及跨中应设置灌浆孔、排气孔，其孔距不宜大于12m；预埋波纹管不宜大于24m。曲线孔道的波峰部位宜留置泌水孔。选用自锚头构件，在浇筑自锚头混凝土时，须在自锚孔内插一根ϕ6mm的钢筋，等待混凝土初凝后拔出，形成排气孔，并保证排气孔（管）与孔道接通。

（2）灌浆前应该全面检查预应力构件孔道及进浆孔、排气孔、排水孔是否畅通；检查灌浆设备、管道及阀门的可靠性，并且应再次冲洗，以防被杂物堵塞，压浆泵、压力表应进行计量校验。

（3）为了使孔道灌浆流畅，胶管、钢管抽芯制孔的孔道，应当用水冲洗排除杂物，并用压缩空气排除积水；预埋波纹管的孔道，应采用压缩空气排除积水和杂物。

（4）水泥浆体进入压浆泵前，须经过不大于5mm筛孔的筛网过滤。

（5）孔道灌浆顺序通常以先下层后上层孔道为宜，集中一处的孔道应一次完成，以避免孔道串浆。灌浆压力为0.4～0.6MPa，灌浆宜从中部的灌浆孔灌入，从两端的灌浆孔补满。灌浆应缓慢、均匀、连续地进行，不可中断，并应排气通顺，至构件两端的排气孔排出空气→水→稀浆→浓浆时为止。在灌满孔道并封闭排气孔后，宜再加压至0.5～0.6MPa，稍后采用木塞将灌浆孔堵塞。

（6）每次灌浆完毕，须将所有的灌浆设备冲洗干净，下次灌浆前再次冲洗，以防止被杂物堵塞。

（7）如果确认孔道已堵塞，应设法更换灌浆。再灌入，但须使两次灌入水泥浆之间的气体排出。如该法无效，那么应在孔道堵塞位置钻孔，继续向前灌浆，如另一端排气孔也堵塞，就须重新钻孔。

5.3.8 预应力构件孔道灌浆不密实

5.3.8.1 产生原因

因为水泥与外加剂选用不当，水胶比偏大，使灌浆的浆液强度低，不密实。水泥浆配制时，其流动度和泌水率不符合要求，泌水率超标，浆液沉实过程中泌水多，使孔道顶部有较大的月牙形空隙，甚至有露筋现象；灌浆操作不仔细，灌浆速度太快，灌浆压力偏低，稳压时间不足等原因，导致孔道灌浆不密实，会引起预应力筋锈蚀，使预应力筋与构件混凝土不能有效的黏结，严重时会产生预应力筋断裂，使构件破坏。

5.3.8.2 防治措施

预应力构件孔道灌浆不密实的防治措施如下：

（1）灌浆用水泥宜采用强度等级不低于32.5级的普通硅酸盐水泥，水泥浆的水胶比宜为0.4~0.45，流动度宜控制在150~200mm。水泥浆3h泌水率宜控制在2%，最大值不可超过3%，水泥浆的强度不应该小于30MPa，并每一工作班留取1组（6块）试块，以便检查强度。为提高水泥浆的流动性，减少泌水和体积收缩，增加密实性，在水泥浆中可掺入0.25%的木质素磺酸钙，或0.25%的FON或0.5%的NNO减水剂，可减水10%~15%，并且可掺入适量的膨胀剂，但是其自由膨胀率应小于6%。但应当注意不可采用对预应力筋有腐蚀作用的外加剂。

（2）灌浆应缓慢均匀地进行，不可中断，并且应排气通顺，灌浆压力为0.4~0.6MPa，在灌满孔道并封闭排气孔后，再加压至0.5~0.6MPa，稳压2min后再封闭灌浆孔。

（3）灌浆后应从检查孔抽查灌浆的密实情况，例如孔道中月牙形空隙较大（深度大于3mm）或有露筋现象，应该及时用人工或机械补浆填实。对灌浆质量有怀疑的孔道部位，可采用冲击钻打孔检查，如孔道内灌浆不足，可用手压泵补浆。

5.3.9 曲线孔道与竖向孔道灌浆不密实

5.3.9.1 产生原因

孔道灌浆后，水泥浆中的水泥向下沉，水向上浮，泌水趋向于聚集在曲线孔道的上曲部位，特别是大曲率曲线孔道的顶部，会产生较大的月牙形空隙，甚至有一长段空隙；或竖向孔道的顶部，留下空洞，当预应力筋为钢绞线时，因为灯芯作用，泌水更多；水泥浆的水胶比大，未掺加减水剂与膨胀剂等，在竖向孔道内泌水更为明显；灌浆设备的压力不足，使水泥浆不能压送到位等均会导致浆体不密实、孔道顶部的泌水排不出去而形成空洞。曲线孔道的上曲部位和竖向孔道顶部的预应力筋如果没有水泥浆保护，会引起锈蚀，给工程产生隐患。

5.3.9.2 防治措施

曲线孔道与竖向孔道灌浆不密实的防治措施如下：

（1）曲线孔道与竖向孔道灌浆用的水泥浆应按照不同类型的孔道要求进行试配，合格后才可使用。

（2）对于高差大于0.5m的曲线孔道，应在其上曲部位设置泌水管（也可作灌浆用）。泌水管应伸出梁顶面400mm，从而使泌水向上浮，水泥向下沉，使曲线孔道的上曲部位灌浆密实。

（3）对于高度大的竖向孔道，可在孔道顶部设置重力补浆装置；也可在低于孔道顶部处用手工灌浆进行二次灌浆排除泌水，使孔道顶部浆体密实。灌浆方法可采取一次到顶或分段接力灌浆，按照孔道高度与灌浆泵的压力等确定。孔道灌浆压力最大限制为1.8MPa。分段灌浆时要避免接浆处憋气。

（4）孔道灌浆后，应该检查孔道顶部灌浆密实情况，例如有空隙，应采用人工徐徐补入水泥浆，使空气逸出，孔道密实。

5.3.10 金属波纹管孔道灌浆漏浆

5.3.10.1 产生原因
金属波纹管孔道灌浆漏浆的产生原因如下：

（1）金属波纹管没有出厂合格证，进场又未验收，混入劣质产品，金属波纹管刚度差，咬口不牢，表面有锈蚀等。

（2）纹管接长处、波纹管与喇叭管连接处、波纹管与灌浆排气管接头处等接口封闭不严密。

（3）波纹管遭意外破损（如被电焊火花烧伤管壁、先穿束时被预应当力筋戳撞使咬口开裂、浇筑混凝土被振动棒碰伤管壁等）或波纹管反复弯曲使管壁开裂。

以上原因导致在浇筑构件混凝土时，金属波纹管孔道内漏进水泥浆，使孔道截面面积减小，增加摩阻力；严重时使穿筋困难，甚至没有办法穿入。当采用先穿束工艺时，漏入水泥浆将会凝固钢束，导致无法张拉。

5.3.10.2 防治措施
金属波纹管孔道灌浆漏浆的防治措施如下：

（1）金属波纹管应有产品合格证和质量检验单，各项指标应当符合行业标准要求；进场后应当抽样检查其外观质量和进行灌水试验，合格后才可使用。

（2）金属波纹管可选用大一号同型波纹管接长，接头管的长度为200～300mm，在接头处波纹管应居中碰口，接头管两端用密封胶带或塑料热塑管封裹。

（3）当波纹管与张拉端喇叭管连接时，波纹管应顺着孔道线形，插入喇叭口内至少50mm，并且用密封胶带封裹；波纹管与埋入式固定端钢绞线连接时，可选用水泥胶泥或棉丝与胶带封堵；灌浆排气管与波纹管的连接，做法是在波纹管上开洞，采用带嘴的塑料弧形压板与海绵垫片覆盖并用钢丝扎牢，再将增强塑料管（外径20mm，内径16mm）插在嘴上用钢钉固定并伸出梁面约400mm。

为避免排气管与波纹管连接处漏浆，波纹管上可先不开洞，而在外插塑料管内插一根钢筋，等待孔道灌浆前再用钢筋打穿波纹管，找出钢筋，形成排气孔。

（4）波纹管在安装过程中，应尽可能避免反复弯曲，如遇折线孔道，应采取圆弧过渡，不可折死角，以防管壁开裂。安装后应加强保护，避免电焊火花烧伤管壁；避免普通钢筋戳穿或压伤管壁；防止先穿束时，管壁受损；浇筑混凝土时应有专人看护，保护张拉端埋件、波纹管、排气孔等，如果发现破损及时修复。

（5）如果波纹管堵塞，应查明堵塞位置，凿开疏通。

6 装配式混凝土工程

6.1 装配式混凝土工程质量标准

　　装配式结构连接节点及叠合构件隐蔽工程验收应包括混凝土粗糙面的质量，键槽的尺寸、数量、位置；钢筋的牌号、规格、数量、位置、间距，箍筋弯钩的弯折角度及平直段长度；钢筋的连接方式、接头位置、接头数量、接头面积百分率、搭接长度、锚固方式及锚固长度；预埋件、预留管线的规格、数量、位置。

　　装配式结构的接缝施工质量及防水性能应符合设计要求和国家现行相关标准的要求。

　　装配式结构工程预制构件的质量标准及验收方法应符合表 6-1 的规定，预制构件尺寸的允许偏差应符合表 6-2 的规定，装配式结构工程安装与连接的质量标准及验收方法应符合表 6-3 的规定，装配式结构构件位置和尺寸允许偏差应符合表 6-4 的规定[15]。

表 6-1　装配式结构工程预制构件的质量标准及验收方法

项目	合格质量标准	检查数量	检验方法
主控项目	预制构件的质量应符合《混凝土结构工程施工质量验收规范》（GB 50204—2015）、国家现行相关标准的规定和设计的要求	全数检查	检查质量证明文件或质量验收记录
	混凝土预制构件专业企业生产的预制构件进场时，预制构件结构性能检验应符合下列规定： 　1. 梁板类简支受弯预制构件进场时应进行结构性能检验，并应符合下列规定： ①结构性能检验应符合国家现行相关标准的有关规定及设计要求，检验要求和试验方法应符合《混凝土结构工程施工质量验收规范》（GB 50204—2015）附录 B 的规定；	每批进场不超过 1000 个同类型预制构件为一批，在每批中应随机抽取一个构件进行检验	检查结构性能检验报告或实体检验报告 注："同类型"是指同一钢种、同一混凝土强度等级、同一生产工艺和同一结构形式。抽取预制构件时，宜从设计荷载最大、受力最不利或生产数量最多的预制构件中抽取

项目	合格质量标准	检查数量	检验方法
主控项目	②钢筋混凝土构件和允许出现裂缝的预应力混凝土构件应进行承载力、挠度和裂缝宽度检验;不允许出现裂缝的预应力混凝土构件应进行承载力、挠度和抗裂检验; ③对大型构件及有可靠应用经验的构件,可只进行裂缝宽度、抗裂和挠度检验; ④对使用数量较少的构件,当能提供可靠依据时,可不进行结构性能检验。 2. 对其他预制构件,除设计有专门要求外,进场时可不做结构性能检验。 3. 对进场时不做结构性能检验的预制构件,应采取下列措施: ①施工单位或监理单位代表应驻厂监督制作过程; ②当无驻厂监督时,预制构件进场时应对预制构件主要受力钢筋数量、规格、间距及混凝土强度等进行实体检验	每批进场不超过1000个同类型预制构件为一批,在每批中应随机抽取一个构件进行检验	检查结构性能检验报告或实体检验报告 注:"同类型"是指同一钢种、同一混凝土强度等级、同一生产工艺和同一结构形式。抽取预制构件时,宜从设计荷载最大、受力最不利或生产数量最多的预制构件中抽取
	预制构件的外观质量不应有严重缺陷,且不应有影响结构性能和安装、使用功能的尺寸偏差	全数检查	观察,尺量;检查处理记录
	预制构件上的预埋件、预留插筋、预埋管线等的材料质量、规格和数量以及预留孔、预留洞的数量应符合设计要求	全数检查	观察
一般项目	预制构件应有标识	全数检查	观察
	预制构件的外观质量不应有一般缺陷	全数检查	观察,检查处理记录
	预制构件的尺寸偏差及检验方法应符合表6-2的规定;设计有专门规定时,尚应符合设计要求。施工过程中临时使用的预埋件,其中心线位置允许偏差可取表6-2中规定数值的2倍	同一类型的构件,不超过100件为一批,每批应抽查构件数量的5%,且不应少于3件	按表6-2中规定的方法检验
	预制构件的粗糙面的质量及键槽的数量应符合设计要求	全数检查	观察

表 6-2 预制构件尺寸的允许偏差

项　　目		允许偏差/mm	检验方法
长度	楼板、梁、柱、桁架 <12m	±5	尺量
	楼板、梁、柱、桁架 ≥12m 且<18m	±10	
	楼板、梁、柱、桁架 ≥18m	±20	
	墙板	±4	
宽度、高（厚）度	楼板、梁、柱、桁架	±5	尺量一端及中部，取其中偏差绝对值较大处
	墙板	±4	
表面平整度	楼板、梁、柱、墙板内表面	5	2m 靠尺和塞尺量测
	墙板外表面	3	
侧向弯曲	楼板、梁、柱	$L/750$ 且≤20	拉线、直尺量测最大侧向弯曲处
	墙板、桁架	$L/1000$ 且≤20	
翘曲	楼板	$L/750$	调平尺在两端量测
	墙板	$1/1000$	
对角线	楼板	10	尺量两个对角线
	墙板	5	
预留孔	中心线位置	5	尺量
	孔尺寸	±5	
预留洞	中心线位置	10	尺量
	洞口尺寸、深度	±10	
预埋件	预埋板中心线位置	5	尺量
	预埋板与混凝土面平面高差	0, −5	
	预埋螺栓	2	
	预埋螺栓外露长度	+10, −5	
	预埋套筒、螺母中心线位置	2	
	预埋套筒、螺母与混凝土面平面高差	±5	
预留插筋	中心线位置	5	尺量
	外露长度	+10, −5	
键槽	中心线位置	5	尺量
	长度、宽度	±5	
	深度	±10	

注：1. L 为构件长度，单位为 mm。
　　2. 检查中心线、螺栓和孔道位置偏差时，沿纵、横两个方向量测，并取其中偏差较大值。

表 6-3 装配式结构工程安装与连接的质量标准及验收方法

项目	合格质量标准	检查数量	检验方法
主控项目	预制构件临时固定措施的安装质量应符合施工方案的要求	全数检查	观察
	钢筋采用套筒灌浆连接或浆锚搭接连接时,灌浆应饱满、密实	全数检查	检查灌浆记录
	钢筋采用套筒灌浆连接或浆锚搭接连接时,其连接接头质量应符合国家现行相关标准的规定	按国家现行相关标准的有关规定确定	检查质量证明文件及平行加工试件的检验报告
	钢筋采用焊接连接时,其接头质量应符合现行行业标准《钢筋焊接及验收规程》（JGJ 18—2012）的规定	按现行行业标准《钢筋焊接及验收规程》（JGJ 18—2012）的有关规定确定	检查质量证明文件及平行加工试件的检验报告
	钢筋采用机械连接时,其接头质量应符合现行行业标准《钢筋机械连接技术规程》（JGJ 107—2010）的规定	按现行行业标准《钢筋机械连接技术规程》（JGJ 107—2016）的有关规定确定	检查质量证明文件、施工记录及平行加工试件的检验报告
	预制构件采用焊接、螺栓连接等连接方式时其材料性能及施工质量应符合国家现行标准《钢结构工程施工质量验收规范》（GB 50205—2020）和《钢筋焊接及验收规程》（JGJ 18—2012）的相关规定	按国家现行标准《钢结构工程施工质量验收规范》（GB 50205—2001）和《钢筋焊接及验收规程》（JGJ 18—2012）的规定确定	检查施工记录及平行加工试件的检验报告
	装配式结构采用现浇混凝土连接构件时,构件连接处后浇混凝土的强度应符合设计要求	对同一配合比混凝土,取样与试件留置应符合下列规定: 1. 每拌制 100 盘且不超过 100m³ 时,取样不得少于一次; 2. 每工作班拌制不足 100 盘时,取样不得少于一次; 3. 连续浇筑超过 1000m³ 时,每 200m 取样不得少于一次; 4. 每一楼层取样不得少于一次; 5. 每次取样应至少留置一组试件	检查混凝土强度试验报告
	装配式结构施工后,其外观质量不应有严重缺陷,且不应有影响结构性能和安装、使用功能的尺寸偏差	全数检查	观察,量测;检查处理记录

项目	合格质量标准	检查数量	检验方法
	装配式结构施工后，其外观质量不应有一般缺陷	全数检查	观察，检查处理记录
一般项目	装配式结构施工后，预制构件位置、尺寸偏差及检验方法应符合设计要求；当设计无具体要求时，应符合表 6-4 的规定	按楼层、结构缝或施工段划分检验批，在同一检验批内，对梁、柱和独立基础，应抽查构件数量的 10%，且不应少于 3 件；对墙和板，应按有代表性的自然间抽查 10%，且不应少于 3 间；对大空间结构，墙可按相邻轴线间高度 5m 左右划分检查面，板可按纵、横轴线划分检查面，抽查 10%，且均不应少于 3 面	按表 6-4 规定的方法检验

表 6-4　装配式结构构件位置和尺寸允许偏差

项　目			允许偏差/mm	检验方法
构件轴线位置	竖向构件（柱、墙板、桁架）		8	经纬仪及尺量
	水平构件（梁、楼板）		5	
标高	梁、柱、墙板、楼板底面或顶面		±5	水准仪或拉线、尺量
构件垂直度	柱、墙板安装后的高度	≤6m	5	经纬仪或吊线、尺量
		>6m	10	
构件倾斜度	梁、桁架		5	经纬仪或吊线、尺量
相邻构件平整度	梁、楼板底面	外露	5	2m 靠尺和塞尺量测
		不外露	3	
	柱、墙板	外露	5	
		不外露	8	
构件搁置长度	梁、板		±10	尺量
支座、支垫中心位置	板、梁、柱、墙板、桁架		10	尺量
墙板接缝宽度			±5	尺量

6.2 预制构件质量通病及防治

6.2.1 露筋

预制构件露筋是指预制构件的钢筋未被混凝土包裹而外露，如图 6-1 所示。

图 6-1 预制构件露筋

6.2.1.1 形成原因

预制构件露筋的形成原因如下：

(1) 混凝土和易性不良，产生离析，接触模板部位缺浆或模板漏浆；

(2) 结构构件断面较小，钢筋过密，石子直径较大卡在钢筋上；

(3) 混凝土保护层太小或保护层处混凝土漏振或振捣不实；

(4) 构件吊运过程中磕碰等。

6.2.1.2 预防措施

预制构件露筋的预防措施如下：

(1) 构件生产过程中严控钢筋保护层厚度，优化钢筋排布（见图 6-2（a））；

(2) 合理选用混凝土骨料，优化混凝土配合比；

(3) 正确控制钢筋保护层垫块厚度、位置和数量；

(4) 混凝土浇筑前调整偏位钢筋，振捣棒避开主筋振捣；

(5) 构件吊运过程中由人工引导起吊和降落，避免与其他物体发生碰撞（见图 6-2（b））。

6.2.1.3 治理方法

对于不影响结构安全的局部小面积露筋的混凝土表面，可用钢丝刷或加压水洗刷基层，但不留积水，再用细石混凝土或与混凝土中砂浆成分相同的水泥砂浆

(a)   (b)

图 6-2 预制构件露筋预防措施

压实抹平，养护时间不应少于 7d（见图 6-3）；对于影响结构安全的、较多主要
受力钢筋露筋的、同一构件多处露筋的严重缺陷构件，不予修补，退回原厂，并
做好标记和记录[16]。

图 6-3 预制构件露筋修补

6.2.2 蜂窝、麻面

预制构件蜂窝、麻面是指预制混凝土构件表面缺少水泥砂浆而形成骨料外露
的现象，如图 6-4 所示。

6.2.2.1 形成原因

构件生产过程中混凝土配合比设计不当或和易性差，模板粗糙或有杂物，振
捣不充分或漏振，气泡排出不充分，养护不到位等会导致预制构件产生蜂窝、
麻面。

6.2.2.2 预防措施

构件生产过程中，采用商品混凝土浇筑，按规定做混凝土坍落度试验，钢筋绑扎之前对模板进行清理并均匀涂刷脱模剂，混凝土浇筑前湿润模板，但不留积水，充分振捣，以混凝土不再明显沉落且表面出现浮浆为止，振捣密实后二次抹面，有条件的宜进行蒸汽养护，如图6-5所示。

图 6-4 预制构件蜂窝、麻面　　　　图 6-5 预制构件蒸汽养护

6.2.2.3 治理方法

预制构件蜂窝、麻面的治理方法如下：

（1）极小蜂窝（缺损厚度小于5mm），用清水冲刷表面，充分湿润不留明水，采用修补腻子填充刮平，表面凝固后用砂纸打磨。

（2）小蜂窝（缺损厚度为5~20mm），先清除松散混凝土，再用清水冲刷表面，充分湿润不留明水，将原混凝土配合比去石子砂浆用刮刀大力压入蜂窝内，压实压平，砂浆凝固后用砂纸打磨。

（3）较大蜂窝（混凝土面深度大于20mm，但不影响结构安全），凿去蜂窝处薄弱松散骨料，并剔成喇叭形，刷洗干净后，涂刷混凝土界面剂后，用高一级的细石混凝土仔细填塞捣实，控制修补混凝土上表面较原表面低2~3mm，养护时间不应少于7d。

（4）主要受力部位的蜂窝（麻面）且较严重蜂窝（麻面），应将缺陷构件退回原厂，并做好标记和记录。

6.2.3 孔洞

孔洞是指预制构件表面和内部有空腔，混凝土中孔穴深度和长度均超过保护层厚度的现象，如图6-6所示。

图 6-6 预制构件孔洞

6.2.3.1 形成原因

构件生产过程中在钢筋密集区、预埋件处，混凝土振捣不充分或漏振，异形结构的混凝土被钢筋阻挡而没有正确浇筑到位。

6.2.3.2 预防措施

构件生产过程中优化钢筋密集区和异形结构的钢筋排布，或采用小型振捣棒，充分振捣，不得漏振，板类预埋件在保证结构安全的情况下可增加排气孔，保证浇筑质量，如图 6-7 所示。

图 6-7 预制构件优化钢筋排布、增设排气孔

6.2.3.3 治理方法

预制构件发生孔洞后，应凿开孔洞周围薄弱松散混凝土，并剔成喇叭形，冲洗干净后，不留积水，涂刷一层与混凝土中砂浆成分相同的水泥砂浆后，用高一级的细石混凝土仔细填塞捣实，压实抹平，最后打磨平整，如图 6-8 所示；主要受力部位有较大孔洞的严重缺陷构件应退回原厂，并做好标记和记录。

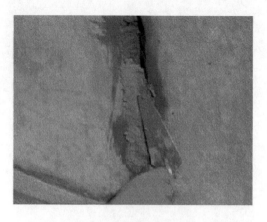

图 6-8 预制构件孔洞修补

6.2.4 裂缝

预制构件表面形成裂缝或贯通性裂缝，缝隙从构件表面延伸至内部，如图 6-9 所示。

6.2.4.1 形成原因

裂缝的形成原因如下：

（1）构件生产过程中未及时养护或养护方式不当，保温保湿不当，混凝土发生温度和塑性收缩现象。

（2）混凝土振捣不密实，未及时排除混凝土泌水。

（3）跨度较大的水平构件在吊运过程中吊点选用不当，存放时支点选择不当，不分规格、未按规定堆放，支撑间距过大、小梁数量不足，且平行于桁架钢筋等。

图 6-9 预制构件裂缝

6.2.4.2 预防措施

裂缝的预防措施如下：

（1）构件生产过程中，振捣密实，加强混凝土养护，合理选用保温保湿措施，宜采用蒸汽养护。

（2）跨度较大的构件吊运过程中应适当增加吊点，并保证每个吊点均匀受力。

（3）跨度较大的构件存放时，不得将支点选在构件薄弱处，支点数量和位置宜同吊点数量和位置，支垫应选用柔性材料。

（4）重叠堆放的构件应采用垫木隔开，上、下垫木应在同一垂线（平面位置）上，其堆放高度应遵守以下规定：柱不宜超过2层，梁不宜超过3层，板类构件不宜大于6层，各堆垛间按规范留设通道，如图6-10所示。

图6-10　预制构件规范重叠堆放

6.2.4.3　治理方法

裂缝的治理方法如下：

（1）处理构件裂缝时，应先凿开构件较宽裂缝处，观察裂缝宽度、深度、是否贯通。

（2）对于面层裂缝，宽度在0.2mm以内时，用钢丝刷等工具清除混凝土裂缝表面的灰尘、浮渣及松散层等污物，刷去浮灰，再使用专用结构封缝胶进行封闭，达到强度后打磨平整。

（3）对宽度和深度较大但不影响结构性能的裂缝，应沿裂缝方向凿成深为15~20mm、宽度为10~20mm的V形凹槽，用毛刷清理干净并洒水湿润，不留积水，再用高一强度等级的专用砂浆抹2~3层，至与构件表面齐平，最后压实抹光。

（4）对于主要受力部位有影响结构安全性能的较大裂缝或贯通裂缝的严重缺陷构件，不修补，退回原厂，并做好标记和记录。

6.2.5　外形缺陷

预制构件外形缺陷是指构件缺棱掉角，翘曲不平，飞边凸肋，几何尺寸、厚度、键槽不符合质量要求等现象，如图6-11所示。

6.2.5.1　形成原因

外形缺陷的主要形成原因有：

构件生产过程中脱模过早，拆模方式不正确；模板刚度不够，模板破损变

图 6-11   预制构件外形缺陷

形、平整度差；构件吊运过程中与周围物体碰撞导致破损；构件存放时未按规定放在柔性支垫上。

6.2.5.2   预防措施

外形缺陷的预防措施如下：

（1）构件生产过程中，应定期检查模板质量，及时更换变形、破损的模板，确保模板具有足够的刚度、平整度，轴线和几何尺寸无误，模板使用过程中应注意清理杂物，均匀涂刷脱模剂，混凝土达到拆模强度后方可拆除模板，严禁野蛮粗暴敲、撬、扳等行为。

（2）构件吊运过程中，应由专人负责引导起吊和降落，避免构件与周围物体磕碰而损坏。

（3）构件存放时应将构件放在柔性支垫上，不得直接放在地面上，如图6-12 所示。

图 6-12   构件放在柔性支垫上

6.2.5.3   治理方法

预制构件出现外形缺陷后，对于一般部位，将缺陷周边松散混凝土和软弱水泥浆凿除，冲洗干净（但不得积水）。支设模板，用高一强度等级的专用修补砂浆或高一等级的细石混凝土仔细浇灌捣实，压光抹平，养护时间不少于 7d。

对于预留孔洞部位，将缺陷周边松散混凝土和软弱水泥浆凿除，冲洗干净

（但不得积水）。将与预留孔洞尺寸相同的模具埋在指定位置，并在模具上均匀涂刷脱模剂，支设模板再浇灌捣实高一等级的细石混凝土，压光抹平，养护时间不少于 7d，养护期间不得受扰动。

6.3 预制构件连接质量通病及防治

6.3.1 预制构件连接部位缺陷

预制构件连接部位缺陷，是指构件的连接钢筋锈蚀、缺失、排布不均；连接件松动、弯折、缺失；灌浆套筒裸露、偏位、堵塞、破损、缺失，或预留孔洞堵塞、偏位、破损、缺失等现象。

6.3.1.1 形成原因

构件生产过程中忽略对原材料的验收，钢筋绑扎验收环节缺失，连接件、灌浆套筒预埋定位偏差，检查环节不仔细，混凝土浇筑过程中振捣棒碰撞连接件、灌浆套筒导致偏位，预埋件、灌浆套筒、预留孔洞的保护措施不足，导致杂物或混凝土浆料渗入其中，形成各种连接部位的缺陷，如图 6-13 所示。

图 6-13 预制构件连接部位缺陷

6.3.1.2 预防措施

制定严格的质量验收制度，选用责任心强的管理人员和工人，优化重要配件保护措施。

6.3.1.3 治理方法

对于连接部位不影响结构传力性能的，经修补，再次检验合格后，方可使用，如斜支撑预埋丝孔少量堵塞，使用专用攻丝器具清理丝孔，并修复丝口，经检验，丝孔能够紧固斜支撑连接件后，方可使用。

对于连接部位有影响结构传力性能的缺陷，不修补，退回原厂，做报废处理，并做好标记和记录。

6.3.2 装饰缺陷

装饰缺陷是指有装饰要求的预制构件有色差、划痕、裂纹、缺角、脱落、尺寸偏差等，装饰面层黏接不牢，表面不平，装饰缝隙不顺直等现象，如图 6-14所示。

图 6-14 预制构件装饰缺陷

6.3.2.1 形成原因

构件生产过程中不同批次装饰材料未进行色差对比检验，装饰面与底模之间使用硬质垫块，划伤装饰面层，野蛮脱模，损坏装饰面。构件吊运过程中与周围物体碰撞导致装饰面损坏。

6.3.2.2 预防措施

严格执行装饰材料进场验收，认真对比色差，有外装饰面层的构件应认真清理模具尤其是底模的浮灰，及时更换变形的模具。装饰面层与底模之间宜设置柔性、变形小的垫片，防止划伤装饰面。

入模前认真核对石材尺寸，并均匀涂刷脱模剂。重点检查装饰面与构件的连接件，重点控制装饰面的平整度、接缝顺直度。混凝土浇筑时严禁野蛮施工，以免破坏装饰面层。按规定抽样进行装饰面层黏接性的拉拔试验。

6.3.2.3 治理方法

对于瓷砖、面砖等装饰面有缺陷的构件，可将缺陷区域及周围凿除，并清洁破断面，在破断面上使用速效胶黏剂粘贴瓷砖、面砖，并调整位置和整体平整度，待胶干后，使用同色号勾缝剂勾缝，缝格要与整体装饰面吻合，如图 6-15

所示。对于难以修复至原观感的装饰面（如石材装饰面），影响使用功能或装饰效果的，应退回原厂，并做好标记和记录。

图 6-15 预制构件装饰缺陷处理

6.4 构件安装质量通病及防治

6.4.1 吊点、吊环不合格

由于吊点设置不合理、吊点钢筋埋置过深，导致周围混凝土开裂，如图 6-16 所示。

图 6-16 预制构件吊点、吊环不合格

6.4.1.1 形成原因

预制构件吊点、吊环不合格的形成原因如下：

（1）预制构件生产时未考虑施工现场的吊具规格，或混凝土强度不达标就开始吊运。

（2）预制构件混凝土浇筑过厚，未预留吊具安装空隙。

（3）预制构件在吊运过程中操作不当，与周围物体碰撞而损坏。

6.4.1.2 预防措施

预制构件吊点、吊环不合格的预防措施如下：

（1）介入预制构件生产环节，改良吊点位置和高度。

（2）起重设备操作人员、指挥人员必须持证上岗，认真负责，构件起吊和降落由专人持牵引绳引导。

（3）构件混凝土强度达标后方可吊运。

（4）对于构件薄弱部位，应有保护措施。

6.4.1.3 治理方法

预制构件吊点、吊环不合格的治理方法如下：

（1）对于少量吊点不合理的，可在不影响构件装饰面和结构安全的情况下剔打构件，露出吊环，吊装完成后应及时修复预制构件。

（2）对于预制叠合板桁架筋埋置过深的，可人工剔凿，露出挂钩空隙，不得使用空压机、电锤等扰动较大的设备剔凿，如图6-17所示。

图6-17 剔凿构件，露出挂钩

（3）对于吊点钢筋周围混凝土开裂严重的，应退回原厂，并做好标记和记录。

6.4.2　错台

错台是指相邻两层预制构件上下错开，影响后期外装饰施工，如图 6-18 所示。

图 6-18　预制构件错台

6.4.2.1　形成原因

楼层测量放线出现偏差、构件安装定位精确度不够、混凝土浇筑前未校核构件垂直度是产生预制构件错台的主要原因。

6.4.2.2　预防措施

为预防预制构件错台，楼层主控线应从基准层引线，严格控制主控线、细部线，构件安装严格按照楼层细部控制线定位，安装完后复核构件位置、标高、垂直度，如图 6-19 所示。

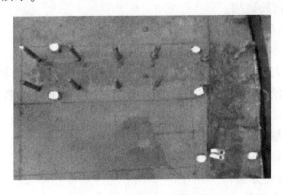

图 6-19　预制构件定位放线

6.4.2.3 治理方法

出现错台后,将错台高出部分凿除,比构件表面略低,稍微呈凹陷弧形,露出骨料,用清水冲洗干净并充分湿润,但不留积水,然后使用面层腻子或修补腻子,压实找平,最后打磨平整。

6.4.3 弯折连接钢筋或连接件

预制构件连接过程中,为方便构件安装,工人往往提前将连接钢筋或连接件敲弯,然而构件安装完成后由于钢筋碰撞却无法校正,或多次校正后钢筋发生疲劳破坏,影响工程质量,如图 6-20 所示。

图 6-20   弯折连接钢筋或连接件

6.4.3.1 形成原因

工人违规操作,未对连接件定位进行深化设计,导致现浇部分钢筋偏位严重,与预制构件钢筋碰撞。

6.4.3.2 预防措施

弯折连接钢筋或连接件的预防措施如下:

(1) 加强工人班前教育和技术交底,严禁私自弯折连接钢筋或连接件。

(2) 设计阶段采用 BIM 技术对冲突部位进行碰撞检查,提前调整钢筋和连接件位置。

(3) 严格控制现浇段钢筋施工偏差。

(4) 构件吊装时由工人手扶引导降落,避免碰撞钢筋。

6.4.3.3 治理方法

弯折连接钢筋或连接件的治理方法如下:

（1）局部调整现浇钢筋位置，最大程度减小钢筋碰撞，连接件和连接钢筋必须与现浇结构进行有效连接，若调整距离较大，应征得设计同意。

（2）弯折的连接钢筋、连接件，若弯曲情况不严重，可使用专用校正器调整，严禁使用火烤等热处理方式校正。

（3）若连接钢筋或连接件弯折严重或已疲劳破坏，应退回原厂，并做好标记和记录。

6.4.4 胀模

胀模是指现浇节点加固不到位，丝杆蝴蝶扣未拧紧，混凝土振捣过度，导致构件根部胀模移位，如图 6-21 所示。

图 6-21 预制构件胀模

6.4.4.1 形成原因

预制构件作为现浇节点外侧模板时，由于构件本身具有一定刚度，当现浇节点混凝土浇筑过快时，构件易从阳角向外胀开，而不同于普通木模板向垂直于模板方向胀开。

6.4.4.2 预防措施

预制构件胀模的预防措施如下：

（1）优化现浇节点支模方式，取消传统钢管加固方式，改为一字形和 L 形工具式钢夹具，增强加固可靠度，如图 6-22（a）所示。

（2）混凝土浇筑前，在每层板面对应位置预埋一根高强丝杆，混凝土浇筑完成后将丝杆上的浮浆清理干净，待下层构件安装完成后，在外侧加装 10mm 厚钢板，并用螺帽或蝴蝶扣拧紧，用作根部约束，如图 6-22（b）所示。

(a)   (b)

图 6-22　胀模预防措施

(3) 混凝土浇筑前仔细检查支模体系紧固程度，浇筑过程中安排专人检查构件胀模情况。

(4) 混凝土振捣时，振捣棒移动间距不应超过振动器作用半径的 1.5 倍，φ50mm 振动棒的作用直径一般为 15cm 左右，与侧模应保持 50~100mm 的距离，插入下层混凝土 50~100mm；每一处振动完毕后应边振动边徐徐提出振动棒，应避免振动棒碰撞构件和模板。

6.4.4.3　治理方法

在混凝土浇筑过程中，若构件轻微胀模，可在后期将构件打磨处理；若构件严重胀模，应立即停止浇筑，打开内模，放出混凝土，重新加固后再浇筑。

6.4.5　预埋件偏位

当斜支撑预埋螺母偏位时，将导致斜支撑安装困难，甚至无法安装。而外挂板钢板预埋件偏位，将导致外挂板连接件无法安装。

6.4.5.1　形成原因

预埋钢筋、预埋件安装偏位是由于安装完成后无固定措施、混凝土振捣碰撞、扰动预埋钢筋和预埋件而产生偏位，如图 6-23 所示。

6.4.5.2　预防措施

预埋件偏位的预防措施如下：

(1) 斜支撑预埋螺母定位精度要求较低，一般为±20mm，但应固定在板面

图 6-23　预埋件偏位

上，或与楼层钢筋焊接固定。预埋钢板安装精度较高，定位准确后应与楼层钢筋焊接固定，如图 6-24 所示。

图 6-24　预埋钢筋定位

（2）板式预埋件上宜采用机械钻孔，留出排气孔，以免混凝土无法填满板下。混凝土浇筑时应注意保护预留预埋件，振捣棒与其不得碰撞。

（3）预埋钢筋使用钢筋定位器反复测量，钢筋不得弯折，浇筑混凝土时不得用振捣棒扰动钢板定位器。

6.4.5.3　治理方法

预埋件偏位的治理方法如下：

（1）斜支撑预埋螺母偏位严重而无法安装斜支撑的，应在楼面正确位置处向下开孔，做贯穿拉结件，保证斜支撑传力效果。

（2）预埋钢板偏位严重的，应咨询设计单位处理意见，会同监理单位、建设单位，出具处理方案，处理方案涉及结构植筋，增加锚固板，锚固板上机械开孔，钢筋穿过锚固板并焊接连接，植筋根数同预埋钢板连接钢筋根数等方面。

6.4.6 套筒灌浆连接钢筋偏位

套筒灌浆连接钢筋偏位主要表现为过渡层预埋插筋偏位和装配式结构楼层套筒灌浆连接钢筋偏位，如图 6-25 所示。

图 6-25 套筒灌浆连接钢筋偏位

6.4.6.1 形成原因

套筒灌浆连接钢筋偏位的主要原因是转换层施工时插筋定位不准，精度不高，混凝土振捣时碰撞、扰动插筋。装配式楼层中，由于预制构件钢筋基本定位准确，牢固可靠，而忽略了对预留钢筋的检查与校正，导致混凝土浇筑完，后续构件吊装时，才发现套筒与钢筋难以对位。

6.4.6.2 预防措施

套筒灌浆连接钢筋偏位的预防措施如下：

（1）定制连接钢筋定位器，转换层施工时，用定位器校正插筋位置，再通过附加钢筋将插筋与主体钢筋焊接固定，直到整层混凝土浇筑完成并初凝后，方可取下钢筋定位器并再次复核插筋有无偏差，如图 6-26 所示。

图 6-26 套筒灌浆连接钢筋定位

（2）装配式结构楼层现浇部位浇筑前反复核查钢筋位置和尺寸，并使用定位器对连接钢筋校正处理。

（3）混凝土振捣时，尽量采用小型振捣棒，振动棒直径控制在30mm左右，严禁碰撞连接钢筋等重要部位。

6.4.6.3 治理方法

套筒灌浆连接钢筋属于特别重要部位，在施工工艺上不可逆，因此施工时应特别注意连接钢筋的定位精度。若在实际施工中有钢筋偏位严重等情况时，应咨询设计单位处理意见，综合监理单位和建设单位意见，共同制定处理方案，如在保证钢筋合理排布和结构安全的情况下，可根据现场连接钢筋的实际位置专门定制生产对应位置灌浆套筒的构件。

6.5 预制构件套筒灌浆质量通病防治

灌浆套筒灌浆连接工艺属于不可逆施工工艺，并且暂无套筒灌浆实体检验的有效方式，目前灌浆质量的优劣更大程度取决于人为因素，如操作工人的工作能力，施工单位的管理水平，监理单位的监督、旁站是否落实。因此灌浆作业中应做好相关资料的记录和整理，并对灌浆作业全过程进行录像留证。灌浆作业人员必须经培训后持证上岗。

灌浆后灌浆料同条件试块强度达到35MPa后方可进入后续施工。通常，环境温度在15℃以上时，24h内构件不得受扰动；环境温度在5~15℃时，48h内构件不得受扰动；环境温度在5℃以下时，视情况而定。如对构件接头部位采取加热保温措施，要保持加热5℃以上至少48h，其间构件不得受扰动。拆除斜支撑时间应根据设计荷载情况确定。

6.5.1 灌浆料不合格

灌浆料不合格体现在灌浆料结块、发硬，灌浆料拌制后离析、流动性差、易堵管或其他异常情况，试块强度达不到设计标准，如图6-27所示。

6.5.1.1 形成原因

灌浆料受潮、过期、变质或未按规定采购配套灌浆料。

6.5.1.2 预防措施

灌浆料应储存于通风、干燥、阴凉处，

图6-27 灌浆料不合格

不得直接放于施工现场地面，运输途中应避免阳光长时间照射，如图 6-28 所示；开封后的灌浆料应在当天用尽，不得使用隔夜材料；采购灌浆料时应根据套筒类型、钢筋直径、使用部位、当地季节和气温及工期进度等要求采购配套浆料。

图 6-28　灌浆料储存

6.5.1.3　治理方法

质量合格、但不符合现场实际使用的灌浆料，应联系生产厂家退换货。受潮、变质、过期等灌浆料必须报废，不得使用。

6.5.2　灌浆料流动性不足

灌浆料流动性不足表现为灌浆料拌制完成后，灌浆料初始流动度检测值小于300mm，不满足初始流动度的要求，如图 6-29 所示。

图 6-29　灌浆料流动性不足

6.5.2.1 形成原因

造成灌浆料流动性不足的主要原因是灌浆料拌制时配合比不符合要求，拌制操作不符合要求，流动度检测程序不规范等。

6.5.2.2 预防措施

灌浆料流动性不足的预防措施如下：

（1）根据灌浆料的使用说明书，将灌浆料和清洁水分别按需称重（以使用说明书为准），并混合于干净桶中，加清水率按加水质量/干料质量×100%计算。拌合水必须称量后加入，精确至0.01kg。

（2）制料时先将水倒入搅拌桶，然后加入约70%的灌浆料，用专用搅拌机搅拌1~2min大致均匀后，再将剩余料全部加入，搅拌3~4min至彻底均匀，搅拌均匀后，静置2~3min，使浆内气泡自然排出后再使用。

（3）灌浆料流动度检测流程为：将一张1m×1m的干净平整的玻璃平置于地面，将检测容器置于玻璃板上，将刚拌制好的灌浆料导入容器内，灌满为止，取下容器，检测灌浆料的流动性，初始流动度不小于300mm即为合格。

（4）灌浆料制备时，所有工具、设备、灌浆料、水等，均不得长时间在阳光下暴晒，环境温度较高时，应使用凉水拌制，搅拌设备和灌浆泵（枪）等器具也要在使用前用水润湿、降温；浆料搅拌时也应避免阳光直射。

（5）灌浆料自加水算起应在30min内用完，对散落的灌浆料不得二次使用，剩余的灌浆料拌合物不得再次添加灌浆料或水混合使用。

6.5.2.3 治理方法

浆料初始流动度检测值小于300mm的，应作废料处理，现场按规定重新拌制灌浆料，直至检测合格。

6.5.3 灌浆受阻

灌浆受阻表现为灌浆作业中途，套筒一个或多个出浆孔未出浆，灌浆泵中浆料未减少；灌浆套筒有轻微或严重的堵孔现象。

6.5.3.1 形成原因

灌浆受阻主要是由于灌浆套筒堵塞，连接钢筋向灌浆孔方向轻微偏位，堵住灌浆孔或出浆孔；或者座浆料施工不规范，堵塞灌浆套筒下部；或者是灌浆泵机械故障引起的灌浆受阻。

6.5.3.2 预防措施

灌浆受阻的预防措施如下：

（1）严控构件进场验收制度，杜绝进场构件有任何一处套筒堵塞。

（2）构件安装前用钢板定位器校正连接钢筋位置，用钢筋校正器修正连接钢筋垂直度，如图6-30所示。

图 6-30 钢板定位器校正钢筋

（3）座浆料封堵灌浆仓时，必须有压条防止座浆料塞入过多，堵塞套筒。

（4）灌浆受阻时首先拔出灌浆嘴，判断是灌浆套筒堵塞还是灌浆泵机械故障，施工现场应有备用机械随时替换。

6.5.3.3 治理方法

灌浆受阻的治理方法如下：

（1）若第一个灌浆孔无法灌进任何浆料，证明此套筒灌浆孔堵塞，此时应将构件重新起吊，检查并处理问题，再重新安装、灌浆。

（2）若在灌浆中途受阻，可稍微加压灌浆，但压力不宜超过 0.8MPa，以免破坏灌浆仓。若仍无法灌入浆料，则按要求封堵此灌浆孔，选择出浆受阻的套筒单独灌浆或补浆。

（3）受阻套筒单独灌浆时，应保证已灌入的浆料还有足够的流动性，再将已经封堵的出浆孔打开，待灌浆料再次流出后逐个封堵出浆孔。

（4）所有问题应在灌浆料自加水算起在 30min 内用完，对散落的灌浆料不得二次使用，剩余的灌浆料拌合物不得再次添加灌浆料或水混合使用，否则灌浆料损废。

（5）对问题构件和套筒位置做好标记并记录。

6.5.4 漏浆

漏浆表现为灌浆泵压力灌浆时，从排浆孔以外的地方出现一处或多处漏浆，即使是已灌满的套筒，也会在凝固前漏出一部分，导致套筒内浆料不饱满，如图 6-31 所示。

6.5.4.1 形成原因

灌浆时产生漏浆的原因主要是弹性嵌缝材料有断点，导致压力注浆时浆料从

图 6-31 漏浆

断点处渗出；座浆料封缝后未达到要求强度便开始灌浆作业，导致仓体破坏；木枋或钢板封缝，紧固程度不够。

6.5.4.2 预防措施

漏浆的预防措施如下：

（1）嵌缝材料必须为整根，无断点，并粘贴在指定位置，如图 6-32 所示。

图 6-32 使用整根嵌缝材料

（2）座浆料封堵完成养护 1d 后方可进行灌浆作业。

（3）木枋或钢板封缝的，应在灌浆前复查紧固程度。

（4）灌浆泵压力不宜过大，以免破坏封仓部位（不宜超过 0.8MPa）。

（5）可使用套筒灌浆饱满度监测器，更加直观地观察出浆饱满度，并且可避免上排出浆孔未柱状出浆，节约灌浆料。

6.5.4.3 治理方法

灌浆时应时刻观察整个仓体有无漏浆，特别是背面和侧面，发现漏浆时，应先暂停灌浆作业（但不得超出灌浆料自加水起算的 30min 时间），再迅速采取措施封堵漏点，待漏点无渗漏时说明已封堵完成，最后保持缓慢、匀速灌浆，再次灌浆时，应保证已灌入的浆料还有足够的流动性，再将已经封堵的出浆孔打开，待灌浆料再次流出后逐个封堵出浆孔，如图 6-33 所示。对问题构件和漏浆位置做好标记并记录[16]。

图 6-33 灌浆漏浆封堵

6.5.5 出浆孔内浆料不满

出浆孔内浆料不满表现为灌浆作业完成，浆料凝固，取下橡皮塞后，出浆孔内浆料明显不足，如图 6-34 所示。

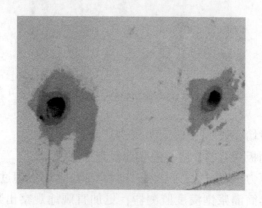

图 6-34 出浆孔内浆料不满

6.5.5.1 形成原因

造成出浆孔内浆料不满的主要原因是施工时出浆孔出浆还未呈柱状就安装橡皮塞，或者仓体内浆料下沉。

6.5.5.2 预防措施

出浆孔内浆料不满的预防措施如下：

(1) 做好工人技术交底，等出浆孔出浆呈柱状时，再安装橡皮塞。

(2) 灌浆完成后灌浆泵稳压 1min，以免套筒内灌浆料下降。

(3) 灌浆料制备时应将气泡排完，以免灌浆完成后浆料下沉。

(4) 可使用套筒灌浆饱满度监测器，如图 6-35 所示，更加直观地观察出浆饱满度，并且可避免上排出浆孔未柱状出浆，节约灌浆料。

图 6-35　灌浆饱满度监测器

6.5.5.3 处理方式

施工中发生出浆孔内浆料不满的情况时，可用细嘴灌浆机对不饱满的出浆孔依次补浆。对补浆套筒的构件和位置做好标记并记录。

7 混凝土工程质量通病典型案例分析

7.1 建筑工程混凝土质量通病案例分析

　　某住宅工程项目为现浇钢筋混凝土框架结构，地上8层，地下1层，地下一层与地上一层之间有一层高为3.0m的夹层。该建筑结构安全等级为二级，抗震设防烈度8度（设计基本地震加速度值为0.3g、第二组），建筑抗震设防类别为丙类，抗震等级为二级，建筑场地为Ⅱ类，地基基础设计等级为乙级，结构设计的使用年限为50年。

　　结构用混凝土采用预拌商品混凝土，混凝土强度等级：柱混凝土从基础顶到10.100mm为C45，10.100~25.100mm为C40；梁板混凝土从基础顶到10.100mm为C35，10.100~25.100mm为C30；基础、地梁混凝土为C35；构造柱、圈梁混凝土为C25；基础及地梁底素混凝土垫层为C15。

　　由于施工过程中质量管理体系不健全，过程质量管控差、把关不严，在混凝土工程拆模后局部会出现错台、胀模、烂根、蜂窝、麻面、缺棱掉角、楼板渗水等质量问题。

7.1.1 错台

　　在地下一层混凝土外墙施工时，拆模后出现错台现象，如图7-1所示。

图7-1　错台

　　混凝土浇筑产生错台缺陷主要是由模板原因造成的。模板设计不合理、模板规格不统一、安装时模板加固不牢或在浇筑过程中不注意跟进调整，使模板间产生相对错动，都会引起错台。特别是模板下部与老混凝土搭接不严密或不牢固，留下一定宽度的缝隙，引起浇筑时漏浆，是产生错台的主要原因。

为避免混凝土表面出现错台现象，要求模板首先要有足够的刚度且边缘平整，对已经使用过的模板，安装前一定要进行校正。其次是模板安装时，须保证模板间拼接紧密、支撑牢固，整体刚度足够。特别是需加强模板与老混凝土之间的紧固，因为这是错台的多发点。如浇筑高度大，最好在上一仓拆模时保留最上一块模板，与新浇筑仓模板拼接。同时，须注意混凝土浇筑过程的跟进工作，对模板受力后的变形实时监测，对变形模板及时调整。当混凝土浇至 1/3、1/2 高度时，需对模板支撑件各紧固一次，待浇筑完成时再紧固一次，可有效防止错台现象的发生。

错台的修复方法为主要采用凿成斜面，形成逐步过渡的形式，一般选用扁平凿和手砂轮作为工具，斜面的坡度一般大于（1∶20）~（1∶30），最大不应大于1∶10，否则修复的效果不理想。为降低处理难度和避免色差过大，错台的处理一般在混凝土拆模后或 3d 龄期前进行。

该项目中的错台经分析，是由于模板上下层定位不准确，下层模板上口模板刚度不够，出现胀模造成的。施工单位采取了补救措施，工艺流程为：剔除突出部分→清理疏松层及杂物→浇水湿润→水泥抗裂砂浆找平→保湿养护。处理方法及要求如下：

（1）凿去突出的多余混凝土，清理疏松层及杂物，浇水湿润，用水泥抗裂砂浆补平。

（2）表面进行保湿养护，养护时间不少于 3d。

（3）质量要求：距离缺陷边缘向外延伸 50~100mm，弹线，沿墨线用美纹纸粘贴后进行粉补，粉补厚度控制在 2~3mm。砂浆面干后撕去美纹纸，保证线条横平竖直，收面平整，不得有空鼓、开裂现象发生。

错台问题经处理整改后如图 7-2 所示，这种办法其实是采用过渡的措施来改善观感，对有严重错台的缺陷处理效果不佳。

图 7-2　整改后错台效果

7.1.2　胀模

在 KZ3 号框架柱一层施工时，拆模后发现柱子变形，发生胀模现象，如图 7-3 所示。

图 7-3　KZ3 号框架柱胀模

爆模和胀模的主要原因是模板的强度和刚度不足。如按预定的工况计算，但实际施工时，没有按预定的工况来操作，从而造成模板的强度储备不足而爆模和胀模。

解决方案是加强模板体系的强度与刚度，对主要构件要进行必要的力学计算。严格按力学计算模型与工况进行施工。当施工中有违反施工工艺的，要立即制止，观测模板的变形，如超过一定的限值时，须采取有效措施，防止爆模（如灌入的速度减缓一些）。修补的办法就是凿除多余的混凝土，修整平顺。

该项目中的胀模经分析，就是由于模板刚度不够造成的。施工单位采取了补救措施，工艺流程为：剔凿胀模混凝土→用水冲洗、湿润→水泥砂浆粉刷→水泥抗裂砂浆罩面。处理方法及要求如下：

（1）首先对胀模部位的混凝土进行凿除，做到小锥细凿，避免损伤钢筋。

（2）对凿除部位用钢丝刷刷干净，并用水冲洗，使其无松动颗粒及粉尘。

（3）用 1:2 的水泥砂浆进行第一道粉刷。

（4）罩面层采用水泥抗裂砂浆粉刷平整，确保方正。

（5）质量要求：距离缺陷边缘向外延伸 50~100mm，弹线，沿墨线用美纹纸粘贴后进行粉补，粉补厚度控制在 2~3mm。砂浆面干后撕去美纹纸，保证线条横平竖直，收面平整，不得有空鼓、开裂现象发生。

KZ3 号框架柱胀模缺陷经处理整改后如图 7-4 所示。

图 7-4　KZ3 号框架柱胀模缺陷处理效果

7.1.3　烂根

在 KZ8 号框架柱三层施工时，拆模后发现柱子根部有烂根现象，如图 7-5 所示。

图 7-5　KZ8 号框架柱烂根

烂根现象主要是由于模板拼缝不严密、接缝处止浆不好，振捣时混凝土表面失浆。漏浆较少时边角出现毛边，漏浆严重则出现混凝土蜂窝、麻面。

烂根的主要预防措施有：（1）接缝处贴橡胶海绵条或土工布止浆，并用钢木压板、橡胶压条止浆；（2）拼缝两侧的振捣器起振时保持同步。

出现烂根后的修补方法为：漏浆较少时按麻面进行修复，漏浆严重时按蜂窝处理办法进行修复，将烂根处松散混凝土和软弱颗粒凿去，洗刷干净后，支模，用专用灌浆料填塞严实，并捣实。

该项目 KZ8 号框架柱烂根，经分析是由于下层板面不平整，上层墙柱模板下脚封堵不严，导致混凝土浇筑过程中下脚失浆过多，同时在振捣时可能存在过振，而导致模板拆除后出现烂根现象。施工单位采取的补救措施为：凿除松散颗粒→用水冲洗、湿润→水泥抗裂砂浆抹平→保湿养护。具体处理方法及要求如下：

（1）凿除漏浆区域的松散颗粒，用水冲洗干净，再用水泥抗裂砂浆修平，之后进行保湿养护。

（2）质量要求：距离缺陷边缘向外延伸 50～100mm，弹线，沿墨线用美纹纸粘贴后进行粉补，粉补厚度控制在 2～3mm。砂浆面干后撕去美纹纸，保证线条横平竖直，收面平整，不得有空鼓、开裂现象发生。

KZ8 号框架柱烂根经处理整改后如图 7-6 所示。

图 7-6   KZ8 号框架柱烂根处理后效果

7.1.4   蜂窝

在 KZ22 号框架柱六层施工时，拆模后发现柱子出现蜂窝现象，如图 7-7 所示。

图 7-7   KZ22 号框架柱蜂窝

蜂窝是指混凝土表面无水泥浆，骨料间有空隙存在，形成数量或多或少的窟窿，大小如蜂窝，形状不规则，露出石子深度大于5mm，其深度不露主筋，也可能露出箍筋。

混凝土出现蜂窝的主要原因有：

（1）模板漏浆或振捣过度，跑浆严重致使出现蜂窝；

（2）混凝土坍落度偏小，配合比不当，或砂、石子、水泥材料加水量计量不准，造成砂浆少、石子多，加上振捣时间不够或漏振形成蜂窝；

（3）混凝土下料不当或下料过高，未设串筒致使石子集中，造成石子砂浆离析，没有采用带浆法下料和赶浆法振捣；

（4）混凝土搅拌与振捣不足，使混凝土不均匀，不密实，和易性差，振捣不密实，造成局部砂浆过少。

防止混凝土出现蜂窝的措施有：

（1）浇筑前检查并嵌填模板拼缝以免浇筑过程中跑浆；

（2）浇筑前浇水湿润模板以免混凝土的水分被模板吸去；

（3）振捣工具的性能必须与混凝土的工作度相适应；振捣工人必须按振捣要求精心振捣，尤其是加强模板边角和结合部位的振捣；

（4）混凝土拌制时间应足够，拌和应均匀，坍落度应适合；

（5）混凝土下料高度超过2m应设串筒或溜槽；

（6）浇灌应分层下料，分层振捣，防止漏振；

（7）模板缝应堵塞严密，浇灌中应随时检查模板支撑情况防止漏浆；

（8）基础、柱、墙根部应在下部浇完间歇1~1.5h，沉实后再浇上部混凝土，避免出现"烂脖子"。

小蜂窝可按麻面方法修补，大蜂窝采用如下方法修补：

（1）将蜂窝软弱部分凿去，用高压水及钢丝刷将结合面冲洗干净；

（2）修补用的水泥品种必须与原混凝土一致，砂子用中粗砂，按照抹灰工的操作方法用抹子大力将砂浆压入蜂窝内、刮平，在棱角部位用靠尺将棱角取直；

（3）水泥砂浆的配合比为1:2~1:3，并搅拌均匀，有防水要求时，在水泥浆中掺入水泥用量1%~3%的防水剂，起到促凝和提高防水性能的目的；

（4）修补完成后，用麻袋进行保湿养护。

该项目KZ22号框架柱出现的蜂窝经分析，可能是在施工过程中混凝土离析、和易性差，模板漏浆，过振跑浆或振捣不密实4种原因造成的。施工单位采取的措施为：剔除松散、不密实混凝土→冲洗→湿润→支模→刷水泥浆→浇灌高一强度等级微膨胀细石混凝土→养护→剔凿喇叭口→表面修复。具体的处理方法及要求如下：

（1）对于较小的麻面，先用水冲洗干净，用1∶2水泥砂浆修补后保湿养护，待修补的砂浆达到一定强度后，使用角磨机打磨一遍；对于要求较高的地方可用砂纸进行打磨，确保表面无色差。

（2）对于较大的蜂窝，首先剔除松散、不密实混凝土；然后用钢丝刷和压力水冲刷，充分湿润后，进行支模，并留设喇叭口，高出缺陷边缘不少于100mm；再用高一强度等级的微膨胀细石混凝土浇筑，振捣密实，并加强养护，待拆完模3d后，对喇叭口的混凝土进行剔凿；最后对剔凿后的混凝土表面采用抗裂砂浆进行修复平整。

（3）按审批后的处理方案实施。

（4）质量要求：材料使用同原混凝土使用的水泥，细石混凝土按高一强度等级的微膨混凝土拌制。

KZ22号框架柱蜂窝经处理整改后如图7-8所示。

图7-8　KZ22号框架柱蜂窝处理后效果

7.1.5 缺棱掉角

在标高为3.800mm的这一层的LL3梁中间，拆模后出现缺棱掉角现象，如图7-9所示。

该项目标高3.800mm层的LL3梁缺棱掉角，经分析，可能是在施工过程中拆模过早或拆模过程中成品保护意识差，猛敲猛砸导致的。施工单位采取的措施如下：

面积小于100mm×100mm的：凿除松散颗粒→清洗表面并充分湿润→水泥砂浆抹平→养护。

图 7-9 标高 3.800mm 层的 LL3 梁缺棱掉角

面积大于 100mm×100mm 的：凿除松散颗粒→清洗表面并充分湿润→支模→涂刷水泥浆→灌注细石混凝土→振捣→养护。

具体的处理方法及要求如下：

（1）面积小于 100mm×100mm 的，将该处松散颗粒凿除，用钢丝刷将松散颗粒清除并用清水冲洗干净，用 1∶2 的水泥砂浆抹平补齐、压实。

（2）面积小于 100mm×100mm 的，将不密实的混凝土和松散的颗粒凿除，用水冲刷干净，支模，充分湿润，表面涂刷水泥浆，用比原混凝土高一强度等级的微膨细石混凝土填灌捣实，并保湿养护。

（3）损伤部位较严重的，按审批后的处理方案实施。

（4）质量要求：距离缺陷边缘向外延伸 50~100mm，弹线，沿墨线用美纹纸粘贴后进行粉补，粉补厚度控制在 2~3mm。砂浆面干后撕去美纹纸，保证线条横平竖直，收面平整，不得有空鼓、开裂现象发生。

标高 3.800mm 层的 LL3 梁缺棱掉角经处理整改后如图 7-10 所示。

图 7-10 标高 3.800mm 层的 LL3 梁缺棱掉角处理后效果

7.1.6　楼板开裂

在标高 10.100mm 层 3-4 轴和 A-B 轴围成的楼板处和标高 16.100mm 层 7-8 轴和 C-D 轴围成的楼板处，模板拆除后楼板出现开裂、渗水等质量问题。在标高 10.100mm 层 3-4 轴和 A-B 轴围成的楼板处出现的裂缝属于表面裂缝，裂缝未贯穿，如图 7-11 所示。而标高 16.100mm 层 7-8 轴和 C-D 轴围成的楼板处出现的裂缝较大，呈现大范围贯穿裂缝，如图 7-12 所示。显然这两个地方的裂缝成因不同，处理方式也不相同。

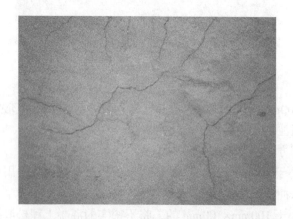

图 7-11　标高 10.100mm 层楼板出现未贯穿裂缝

图 7-12　标高 16.100mm 层楼板出现贯穿裂缝

混凝土的收缩分为干缩和自收缩两种。干缩是混凝土随着多余水分蒸发、湿度降低而产生体积减小的收缩，其收缩量占整个收缩量的很大比例；自收缩是水泥水化作用引起的体积减小，收缩量只有前者的 1/10～1/5。

混凝土产生裂缝的主要原因有：

（1）由于温度变化或混凝土缩变的影响，形成裂纹；

（2）过度振捣造成离析，表面水泥含量大，收缩量也增大；

（3）拆模过早或养护期内受扰动等因素有可能引起混凝土裂纹产生；

（4）未加强混凝土早期养护，表面损失水分过快，造成内外收缩不均匀而引起表面混凝土开裂。

混凝土裂缝的预防措施主要有：

（1）浇筑完混凝土6h后开始养护，养护龄期为7d，前24h内每2h养护一次，24h后按每4h养护一次，顶面用湿麻袋覆盖，避免暴晒；

（2）振捣密实而不离析，对板面进行二次抹压，以减少收缩量。

混凝土裂缝的修补方法主要有：对于细微裂缝可向裂缝灌入纯水泥浆，嵌实再覆盖养护；将裂缝加以清洗，干燥后涂刷两遍环氧胶泥或加贴环氧玻璃布进行表面封闭；对于较深的或贯穿的裂缝，应用环氧树脂灌浆后表面再加刷环氧树脂胶泥封闭。

经分析，该项目的未贯穿裂缝原因可能是养护不及时产生的收缩裂缝，或由于原材料原因，水泥用量过多，水化热大产生裂缝。施工单位给出的处理措施和工艺流程为：裂缝凿出V形槽→清除杂物→洒水湿润→刷水泥浆→水泥抗裂砂浆抹平→养护。具体处理方法及要求如下：

（1）沿裂缝凿成V形槽，深度控制在5mm左右，清除杂物并洒水湿润，先刷1道水泥净浆，然后用水泥抗裂砂浆补平，抹压密实后进行养护。

（2）若裂缝性质严重，按审批后的处理方案实施。

（3）修补色差的消除：在修补后的面层上涂刷一层原混凝土标号的水泥浆，待水泥浆硬化后，用磨光机打磨即可。

标高10.100mm层楼板未贯穿裂缝经处理整改后如图7-13所示。

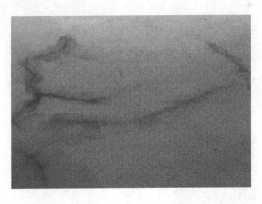

图7-13　标高10.100mm层楼板未贯穿裂缝处理后效果

该项目的贯穿裂缝可能是由于施工操作不当，或楼板面上荷载过早且集中，震动过大，或钢筋保护层过大造成的。对于梁板出现的贯穿性裂缝，甲方委托了第三方检测机构进行检测，将检测结果交由原设计单位进行了技术复核，复核结果满足安全、功能要求。因此施工单位按以下工艺流程进行处理：基层清理→确定注入口→封闭裂缝→安设底座→安设灌浆器→注浆→清理表面封缝胶。具体方法和要求如下：

（1）基层清理：清除裂缝表面的灰尘、杂物。

（2）确定注入口：一般按 20~30cm 距离设置一个注入口，注入口位置尽量设置在裂缝较宽、开口较通畅的部位，贴上胶带、预留。

（3）封闭裂缝：采用快干型封缝胶，沿裂缝表面涂刮，留出注入口。

（4）安设底座：揭去注入口上胶带，用封缝胶将底座粘于注入口上。

（5）灌浆：松开灌浆器弹簧，确认注入状态（如树脂不足可补充再继续注入）。

（6）注入完毕：待注入速度降低确认不再进胶后，可拆除灌浆器，用堵头将底座堵死；

（7）树脂固化后切除底座及堵头，清理表面封缝胶。

（8）质量要求：裂缝修补完后为验证修补效果，进行闭水试验，如果还出现渗水应按照上述方法重新进行修补，不渗水后及时消除色差。修补色差的消除是在修补后的面层上涂刷一层原混凝土标号的水泥浆，待水泥浆硬化后，用磨光机进行打磨。

图 7-14 为裂缝处理过程中进行高压注浆的施工，标高 16.100mm 层楼板贯穿裂缝经处理整改后如图 7-15 所示。

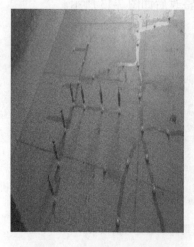

图 7-14 贯穿裂缝高压注浆

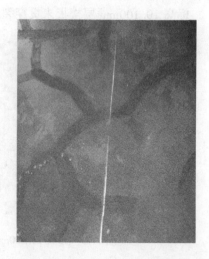

图 7-15 标高 16.100mm 层楼板
贯穿裂缝处理后效果

7.2 桥梁工程混凝土质量通病典型案例分析

7.2.1 工程概况

某高速公路全长 50.25km，采用双向 4 车道高速公路标准，设计速度每小时 80km，路基宽 24.5m，全线桥梁 83 座（单幅），隧道 11 座，桥隧比为 61%。

在业主组织相关检测单位进行桥梁工程中间质量检测中，发现桥梁工程存在以下缺陷问题：（1）混凝土构件局部出现纵横向裂缝及网裂，湿接缝、翼板等开裂有渗水泛碱痕迹；（2）混凝土缺陷：蜂窝麻面、空洞漏筋、波纹管外露、缺边掉角、锤击空响、错台、连接不顺、杂物填塞、模板未拆除；（3）钢防震挡块、垫石缺陷：钢防震挡块锈蚀、安装不规范不满足设计要求、未安装橡胶缓冲垫块，垫石局部破损、松散；（4）支座缺陷：支座偏压变形、开裂、偏位、脱空、支座被杂物包裹；（5）部分混凝土构件修补痕迹：修补不规范、质量较差、开裂、敲击空响；（6）杂物及土石方遗留缺陷：系梁、盖梁、桥台顶残留杂物及垃圾、梁底净空不足、土体偏压、桩基外露。针对以上问题，施工单位及相关专业队伍进行现场勘查，对照桥梁中间检测报告，就存在的缺陷问题编制了桥梁缺陷处治专项方案，并进行了施工。

7.2.2 桥梁现状、处治思路及方案

7.2.2.1 桥梁主要缺陷及成因分析

混凝土构件局部出现竖向、横向、纵向及网状裂缝，如图 7-16 所示。

结合现场调查情况对检测报告及缺陷图片进行初步分析，得出主要原因有以下几点：

主观因素：（1）局部混凝土浇筑质量差，混凝土收缩产生裂缝；（2）混凝土养护不到位，拆模过早，混凝土自重、收缩沉降变形产生裂缝；（3）施工受外部因素干扰浇筑不连续。

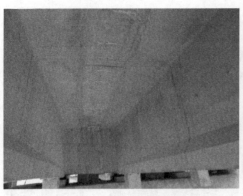

图 7-16 混凝土构件局部出现竖向、横向、纵向及网状裂缝

客观因素：（1）混凝土受气候、温度等外部环境收缩徐变；（2）原材料及野外施工等不利因素。

混凝土的蜂窝麻面、空洞漏筋、波纹管外露、缺边掉角、锤击空响、错台、连接不顺、杂物填塞、模板未拆除等缺陷如图 7-17 所示。

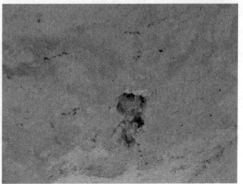

图 7-17 混凝土缺陷

结合现场调查情况对检测报告及缺陷图片进行初步分析，得出主要原因有以下几点：

主观因素：（1）施工质量控制不严、振捣不密实、浇筑质量较差；（2）施工时对工人技术交底不到位，工人对工程质量意识淡薄，人为因素造成；（3）模板安装不牢固、不严密，架模不规范。

客观因素：（1）浇筑混凝土受气候、温度、运输等外部环境影响；（2）原材料及野外施工等不利因素。

钢防震挡块、垫石缺陷有钢防震挡块锈蚀、安装不规范不满足设计要求、未安装橡胶缓冲垫块，垫石局部破损、松散，如图 7-18 所示。

结合现场调查情况对检测报告及缺陷图片进行初步分析，得出主要原因有以下几点：

主观因素：（1）对桥梁构件部件功能未理解到位、麻痹大意；（2）施工时对工人技术交底不到位，工人对工程质量意识淡薄，安装施工工艺不熟练。

客观因素：（1）浇筑混凝土受气候、温度、运输等外部环境影响；（2）原材料及野外施工等不利因素。

图 7-18 钢防震挡块、垫石缺陷

支座缺陷有支座偏压变形、开裂、偏位、脱空、支座被杂物包裹，如图 7-19 所示。

结合现场调查情况对检测报告及缺陷图片进行初步分析，得出主要原因有以下几点：

图 7-19 支座缺陷

主观因素：（1）工期紧任务重，工程质量控制不严；（2）施工时对工人技术交底不到位，工人对工程质量意识淡薄，安装施工工艺不熟练；（3）部分混凝土构件施工不规范（几何尺寸、位置、标高控制不准确）。

部分混凝土构件修补痕迹包括修补不规范、质量较差开裂，如图 7-20 所示。

图 7-20 部分混凝土构件修补痕迹

杂物及土石方遗留缺陷有系梁、盖梁、桥台顶残留杂物及垃圾，梁底净空不足，土体偏压，桩基外露，如图 7-21 所示。

图 7-21 杂物及土石方遗留缺陷

7.2.2.2 缺陷处治思路及实施方案

混凝土构件局部出现的裂缝分为非结构受力裂缝和结构受力裂缝，处治思路不同，此次桥梁缺陷处治未涉及结构受力裂缝，仅就非结构受力裂缝进行处治。

缝宽 $\delta < 0.15mm$ 的裂缝采用结构胶或环氧砂浆对裂缝封闭处理（少数单一裂缝采用结构胶进行裂缝封闭处理；对多数网裂、龟裂裂缝采用环氧砂浆进行封闭处理），待材料固化后打磨抛光恢复颜色。

缝宽 $\delta \geq 0.15mm$ 的裂缝采用压力灌注结构胶的方式处理。最终目的是阻止裂缝进一步发展，防止钢筋骨架受腐蚀，提高结构使用功能耐久性。处治成功试件如图 7-22 所示，裂缝修补设计图如图 7-23 所示。

针对混凝土存在的缺陷，首先采用人工或小型机械凿除松散、崩裂、突出等结构部分混凝土，然后除尘吹灰、清洗干净，在凿除面涂刷 1~2mm 厚的复合界面剂，最后采用高强改性聚合物砂浆和高压灌注结构胶相结合的方式进行分层修补处治，保证强度和黏接力，连接平整顺直。

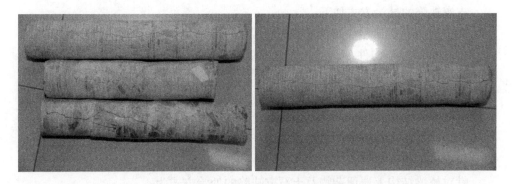

图 7-22 裂缝处治成功试件

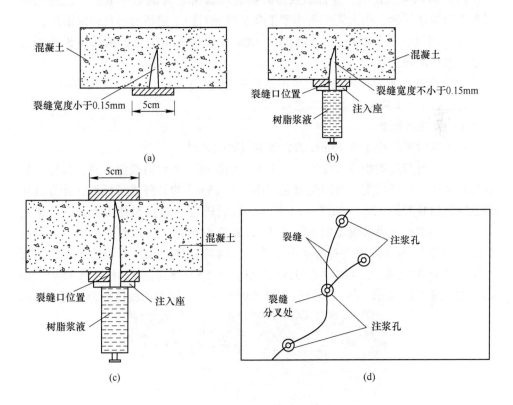

图 7-23 裂缝修补设计图

（a）裂缝宽度小于 0.15mm；（b）裂缝宽度不小于 0.15mm；（c）贯通裂缝；（d）注浆孔布置示意

针对局部构件存的钢防震挡块、垫石缺陷处治方式如下：

（1）按设计重新安装钢防震挡块；

（2）对垫石崩裂、高度不足等构件，采取梁体整体顶升凿除后采用自密实高强混凝土进行重新浇筑的方式。

支座缺陷的处治方式如下：

（1）首先采用高精度智能同步位移顶升设备对梁体进行整体同步顶升；

（2）拆除缺陷构件、调整、维修及更换合格构件，落梁恢复桥梁构件最佳使用功能；

（3）支座被杂物包裹，采取支架或桥梁检测车作为操作平台，由人工配合小型机械清除遗留垃圾。

凿除修补痕迹查明缺陷类型，采用针对性方式进行修复处治，保证强度和黏接力，确保连接平整顺直。

针对桥梁结构上遗留杂物及土石方缺陷的处治方式为：

（1）对系梁、盖梁、桥台顶残留杂物及垃圾清理等缺陷采取支架或桥梁检测车作为操作平台，由人工配备小型工具及机械对施工遗留物进行彻底清理；

（2）对梁底净空不足、土体偏压等缺陷位置用人工配合机械按照设计规范要求一次性清除；

（3）桩基外露根据现场情况采用浆砌片石或片石混凝土进行支砌防护。

7.2.2.3 缺陷处治施工工艺

A 裂缝封闭处理

对于裂缝宽度小于 0.15mm 的裂缝进行封闭处理。

首先进行裂缝的检查及标注。施工人员借助施工平台对裂缝位置、长度、数量及宽度进行现场核实，并对裂缝宽度小于 0.15mm 的裂缝进行标记，计算具体裂缝数量指导配胶工作，如图 7-24 所示。然后进行清缝及裂缝表面处理，采用人工配合小型机械沿裂缝走向凿深 0.5~1cm 的 V 形槽，再用砂轮机或钢丝刷沿裂纹走向宽 3~5cm 的范围打磨混凝土表面，清除水泥浮浆、砂粒及疏松的混凝土块，如有油污要用丙酮（或工业酒精）擦净，潮湿缝段用风机吹干，如图 7-25~图 7-27 所示。第三步进行裂缝表面封闭。采用专用胶体刮刀将配制好的

图 7-24 裂缝标注

结构封闭胶沿裂纹走向宽 3~5cm 范围均匀涂刮，涂刮层厚度大于 1.2mm，施工时尽量一次完成，避免反复涂抹，如图 7-28 所示。最后进行防腐调色涂装，待裂缝封闭胶固化后采用调制好的环氧涂层进行防腐调色涂装，涂装后与周边混凝土颜色基本一致（如无特殊要求可不涂装），如图 7-29 所示。

图 7-25　打磨凿毛混凝土表面

图 7-26　V 形槽

B　裂缝灌胶处理

对于裂缝宽度不小于0.15mm 的裂缝，采用灌注混凝土结构胶液处治裂缝法，将裂缝结构胶浆液压注入结构物内部裂缝中去，以达到填塞、黏接、封闭裂缝，恢复并提高结构强度、耐久性和抗渗性的目的，使混凝土构件恢复整体性。

图 7-27　清洗、粘贴美纹胶带

图 7-28　封闭胶封闭 $\delta \leqslant 1.4\mathrm{mm}$

图 7-29　磨光表面涂刷环氧涂层

　　裂缝的检查及标注、清缝及裂缝表面处理与裂缝宽度小于 0.15mm 的裂缝方法一样，然后进行粘贴灌胶嘴及裂缝表面封闭，粘贴灌胶嘴时，灌胶嘴底盘必须清除灰尘，并用丙酮（或工业酒精）擦洗干净，然后将专用胶泥均匀地抹在底盘周围，厚度为 1~2mm，灌胶嘴底盘孔眼对准裂缝中心粘贴在裂缝上。灌胶嘴的间距根据缝长及裂缝的宽窄以 200~400mm 为宜，一般宽缝可稀，窄缝宜密，凡裂缝交叉点都应粘贴灌胶嘴。每一道裂缝至少粘贴 2 个灌胶嘴作为进胶口和排气口（注意：灌胶嘴孔眼必须与裂缝对正保证导流畅通，灌胶嘴应粘贴牢靠，四周抹成鱼脊状进行封闭），如图 7-30 所示。灌胶嘴安装完毕后，其他裂缝段按正常封闭裂缝完成。

图 7-30　安装灌胶嘴

　　封闭带硬化后需进行压气试验，以检查封闭带是否封严，压缩气体通过灌胶嘴，气压控制在 0.2~0.4MPa。此时，在封闭带上及灌胶嘴周围可涂上肥皂水，如发现通气后封闭带上有泡沫出现，说明该部位漏气，封闭不严，对漏气部位可再次封闭，确保封闭严密。试气对于竖向缝可从下向上，水平向缝由低端往高端进行，如图 7-31 所示。

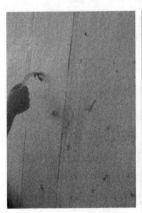

图 7-31　压气实验

　　然后进行灌注结构胶操作。灌注裂缝采用空气泵压注法，压胶罐与灌胶嘴用聚氯乙烯高压透明管连接，连接要严密，不能漏气。在灌胶过程中应注意控制压力，裂缝宽度较大的，如果进胶通畅时，压力宜控制在 0.2MPa，如果裂缝进胶不畅，可把泵压控制在 0.4MPa。灌注的次序：对于水平裂缝，宜由低端逐渐压向高端；对于竖向裂缝由下向上逐渐压注；从一端开始压胶后，另一端的灌胶嘴在排出裂缝内的气体后喷出胶液与压入的浆液速度相同时，可停止压胶，保持压力下封堵灌胶嘴。

　　贯通裂缝如果单面灌后另一面未见出浆，可在另一面再压灌一次。对于未贯通裂缝必须见到邻近注胶嘴喷胶。

　　对于已灌完的裂缝，待胶液固化后将灌胶嘴一一拆除，并将粘贴灌胶嘴处用专用封闭胶泥抹平，确保封闭严实，最后对每一道裂缝表面打磨涂刷环氧涂层，并使其颜色与原混凝土结构表面尽量保持一致，如图 7-32 所示；灌胶工作完毕后，用压缩空气将压胶罐和注胶管中残液吹净，并用丙酮冲洗管路及工具，以备下次使用。

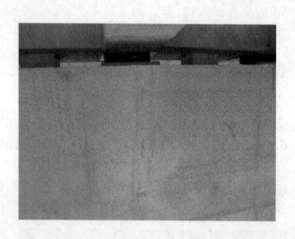

图 7-32　拆除灌胶嘴、打磨调色

C　混凝土缺陷修复施工工艺

　　混凝土缺陷修复的处理根据不同部位采用高强结构修补砂浆或结构环氧黏接胶进行修补。为保证混凝土裂缝的修复效果，对混凝土破损原因进行调查，以确定修补范围。用人工凿除的方法将缺陷周围松散、破损的混凝土予以清除，露出新鲜的混凝土粗骨料，如图 7-33 所示，再用空压机将修补范围吹干净，并用工业酒精清洗，确保修补面洁净干燥，要求做到无水湿，无污渍及灰尘，要求深度应保证清除所有已破损的混凝土。将胶液按比例倒入合适的容器，边搅拌边按比例加入粉剂，用低速电动搅拌器搅拌 3min，避免引入空气。

图 7-33　凿除松散混凝土

a　混凝土缺陷修复

为了使修补砂浆能与老混凝土良好的结合，在刮涂修补砂浆时，若厚度超过30mm，要采用分层施工。在施工时，表面处理要尽量平整，颜色尽量与原构件表面颜色基本一致。

在修补之前应首先在待修补混凝土缺陷表面涂一层聚合物界面剂浆液，其涂刷厚度以不超过1mm为宜，且应涂刷均匀，涂刷时可采用人工涂刷或喷枪喷射，为了便于涂匀，可在基液中加入少量的丙酮（一般为3%~5%）。对于已涂刷基液的表面应注意防护，严禁杂物、灰尘落入其上。

基液涂刷完成后，须间隔一定时间，等基液中的气泡消除后方可涂抹聚合物水泥砂浆或浇筑专用修复混凝土材料，时间间隔一般为30~60min。

当破损面积较小时应采用聚合物水泥砂浆进行修补，为避免修补过程中砂浆流淌或脱落，涂抹时宜分层进行，每层的厚度以0.5~1.5cm为宜。

当破损面积很大时应采用专用混凝土修补材料进行修补，其施工工艺与普通混凝土基本相同。

b　外露钢筋的处理

凿除结构表面松脆、剥离等已损坏的部分混凝土，利用人工除锈的方式对锈蚀钢筋进行除锈，对钢筋进行防腐处理，清除老混凝土表面上的灰尘以使其保持清洁，在损坏的混凝土表面涂上聚合物水泥砂浆胶液等黏结剂，利用聚合物水泥砂浆或专用混凝土修补材料对混凝土缺陷部位进行修补，对新喷涂或浇筑的混凝土表面进行表面处理。

D　混凝土构件局部渗水泛碱处理

针对混凝土构件局部出现渗水泛碱痕迹，首先采用人工或小型机械清除泛碱发白结晶体部分，然后用空气压缩机和丙酮清洗干净，将渗水裂缝进行开槽凿缝，采用抗渗漏防水材料封堵处理，待堵水材料凝结后用高强改性聚合物砂浆进行修补处理，保证连接平顺，最后进行环氧涂层防腐涂刷。

参考文献

[1] 郑伟，许博．建筑工程质量与安全管理 [M]．北京：北京大学出版社，2016．

[2] 李建军，熊保林，张勇，等．高速公路混凝土工程质量通病防治技术 [M]．北京：人民交通出版社，2012．

[3] 中华人民共和国国务院令第 493 号．生产安全事故报告与调查处理条例 [EB/OL]．(2007-04-09)．http：//www.gov.cn/gongbao/content/2007/content_632082.htm.

[4] 中华人民共和国住房和城乡建设部．GB 50204—2015 混凝土结构工程施工质量验收规范 [S]．北京：中国建筑工业出版社，2015．

[5] 中华人民共和国住房和城乡建设部．GB 50666—2011 混凝土结构工程施工规范 [S]．北京：中国建筑工业出版社，2012．

[6] 筑·匠．钢筋混凝土工程施工常见问题与解决办法 [M]．北京：化学工业出版社，2016．

[7] 栾怀军．混凝土工程施工质量通病速查手册 [M]．北京：中国建筑工业出版社，2015．

[8] 巩晓东，经东风．混凝土结构工程施工禁忌 [M]．北京：中国建筑工业出版社，2011．

[9] 向积波，黎万凤，刚宪水．建筑工程材料 [M]．北京：北京大学出版社，2018．

[10] 杨占昱．混凝土强度影响因素的分析与试验 [J]．四川建材，2018（6）：9-10．

[11] 赵志刚，邢志敏．GB 50204—2015 混凝土结构工程施工质量验收规范 [S]．北京：中国建筑工业出版社，2016．

[12] 赵志刚，孙莉．混凝土工程施工与验收实战应用图解 [M]．北京：中国建筑工业出版社，2017．

[13] 中华人民共和国国家质量监督检验检疫局．GB/T 5224—2014 混凝土预应力构件用钢绞线 [S]．北京：中国计划出版社，2015．

[14] 中华人民共和国住房和城乡建设部．JGJ 369—2016 预应力混凝土结构设计规范 [S]．北京：中国计划出版社，2016．

[15] 中国建筑业协会．T /CCIAT 0008—2019 装配式混凝土建筑工程施工质量验收规程 [S]．北京：中国建筑工业出版社，2019．

[16] 马海英．装配式混凝土建筑常见质量问题防治手册 [M]．北京：中国建筑工业出版社，2020．